Fruchtwechsel in der Forstwirtschaft.

Eine waldbau-politische Studie

von

Dr. Johannes Jentsch,

Königl. Sächsischer Forstassessor.

Berlin.

Verlag von Julius Springer.

1911.

ISBN-13: 978-3-642-89905-8   e-ISBN-13: 978-3-642-91762-2
DOI: 10.1007/978-3-642-91762-2

Druck von Fr. Stollberg, Merseburg

Inhaltsverzeichnis.

		Seite
Einleitung		1
I. Geschichtliche Entwicklung		13
Natürliche Ursachen eines Fruchtwechsels		13
Klima		13
Boden		16
Biologisches Verhalten der Holzarten		18
Künstliche Ursachen eines Fruchtwechsels		26
II. Prüfung des Fruchtwechsels		39
Vom Standpunkt der Holzversorgung		39
Vom Standpunkt der Bodenstatik		42
Verhalten der Holzarten im allgemeinen		47
Verhalten der Holzarten im besonderen		51
Buche		51
Eiche		58
Kiefer		62
Fichte		69
Andere Holzarten		75
Wirkungen und Zukunft des Fruchtwechsels		79
Fruchtwechsel als ein Naturgesetz des Waldes		83
III. Maßnahmen, die einem Fruchtwechsel ähnlich wirken und ihn ersetzen können		88
Unterbau und Voranbau		88
Durchforstung		90
Düngung und Bodenbearbeitung		91
IV. Rückblick und Schluß		94

„Wir reichen in unseren Wäldern
die eine Hand unseren Ahnen,
die andere unseren Enkelkindern."
(GEIBEL.)

Seit Beginn unserer modernen Forstwirtschaft, die sich als eine Intensitätswirtschaft darstellt und, man kann wohl kurz sagen, ein Kind des 19. Jahrhunderts ist, besonders seit mit ihr das ökonomische, finanzielle Moment eine immer größere Rolle zu spielen begann und der Forstwirtschaft und dem Waldbild seinen Stempel aufdrückte, — seitdem sind auch Stimmen aufgetaucht, die mehr oder minder warnend in die Zukunft blickten, die in den verschiedensten Anzeichen einen Rückgang der Produktivität des Bodens zu sehen glaubten. Und diese Stimmen sind bis auf den heutigen Tag nicht verstummt. So ernst und eindringlich und pessimistisch sie klingen, so sorglos und optimistisch lassen sich Gegenstimmen vernehmen, die sich der vermeintlichen Schwarzseherei entgegenstellen und ihre Sorgen als unbegründete Hypothesen und phantastische Annahmen abtun möchten.

Die Meinungen stehen sich gegenüber. Beide stimmen überein in dem zu erstrebenden Ziel, der Nachhaltigkeit der Bodenproduktion. Gehen wir von diesem Grundgedanken aus und fragen wir, was diese Nachhaltigkeit der Bodenproduktion gewährleistet.

Bei Betrachtung forstlicher Produktivfragen ist es von jeher nicht müßig gewesen, die der Forstwirtschaft so nahe verwandte Landwirtschaft mit heranzuziehen. Sie ist ihre weit ältere Schwester. Dieser Vorteil wird aber in dem Maße noch größer, als sie ja ihre Erfahrungen in viel intensiverer Weise sammeln konnte, indem Ursache und Wirkung landwirtschaftlicher Maßnahmen kaum mehr als Jahresfrist auseinander liegen, während die Forstwirtschaft mit Menschenaltern und Jahrhunderten rechnen muß. Erfahrungen, Lehren, Erfolge sind bei der Landwirtschaft auf einen bis hundert-

fach kleineren Zeitraum als bei der Forstwirtschaft zusammen-
gedrängt. Von selbst gibt sich so der Hinweis, forstliche Erscheinungen und Maßnahmen an landwirtschaftlichen Erfahrungen
zu prüfen bezw. sie in Beziehung zueinander zu bringen. Und
tatsächlich sind ja die Wechselbeziehungen in dieser Hinsicht
mannigfaltige, und ihnen nachzugehen ist eine interessante und an-
regende Spezialaufgabe. Hier beschäftigt uns nur die Frage, wie
sorgt die Landwirtschaft bei der ständig gesteigerten Intensität für
die Nachhaltigkeit der Produktionskraft des Bodens? Die Beantwortung ist an die Namen Thaer und Liebig geknüpft. Thaer
wies durch Ausbau der Fruchtwechseltheorie, der er in Deutschland
allgemeine Anerkennung verschaffte, Liebig durch die Lehre von
der Statik der Pflanzennährstoffe, durch seine rationelle Düngerlehre der Landwirtschaft die Wege zu ihren modernen Erfolgen.
Fruchtwechsel und rationelle Düngung sind es, die der Landwirtschaft heute die Erhaltung und Nachhaltigkeit der Bodenkraft gewährleisten.

Es fehlt nun nicht an Anzeichen[1]) dafür, daß auch die bahnbrechenden Ideen Liebigs unaufhaltsam ihren Einzug in die Praxis
des Forstbetriebes bewerkstelligen. Die Tatsache besteht, daß das
19. Jahrhundert noch vor Toresschluss höchst beachtenswerte ernst
gemeinte Versuche der künstlichen Düngung des Waldbodens gesehen hat. Die künstliche Düngung — dieses modernste forstliche
Thema, das kaum auf einer Forstversammlung fehlt — ist uns
Forstleuten schon etwas ganz geläufiges und wie bei der Pflanzen-
zucht im Pflanz- und Saatgarten zum Inventarstück der forstlichen
Praxis geworden. Wie steht es nun mit der Anwendung bezw.
Anwendbarkeit der anderen, der modernen Landwirtschaft unent-
behrlichen Maßnahme des Fruchtwechsels? „Mag zwar der schon
seit langen Jahrzehnten in großem Maßstab sich vollziehende Wechsel
im Anbau der Holzarten seither wesentlich anderen Gründen ent-
sprungen sein als der klaren Erkenntnis chemischer Notwendigkeiten", so ist doch theoretisch zunächst die Frage nicht von der
Hand zu weisen: Ist nicht vielleicht auch die Fruchtwechseltheorie
der Landwirtschaft imstande, der Forstwirtschaft zu rationeller
Ausgestaltung der Nachhaltigkeit Fingerzeige bieten zu können?

---

[1]) Bentheim, Anregungen zur Fortbildung v. Forstwirtsch. u. Forstwissensch. 1901 S. 3.

Wenn wir die eventuelle Notwendigkeit der künstlichen Düngung der Wälder (nicht bloß für die Kulturen) zunächst theoretisch zugestehen, — praktisch fehlt die Rentabilität bei umfassender Düngerzufuhr —, dann haben wir damit stillschweigend auch die Berechtigung zum Aufwerfen der Frage des Fruchtwechsels anerkannt.

Landwirtschaft und Forstwirtschaft.

Es besteht ein enger Zusammenhang zwischen Fruchtwechsel und Düngung; gleichwohl ist es aber sehr gut angängig, ersteren einer gesonderten Betrachtung zu unterziehen, zumal wohl der Gedanke einer Anwendung der Fruchtwechseltheorie in der Forstwirtschaft keineswegs neu ist, aber eine eingehende Würdigung meines Wissens noch nicht gefunden hat.

„Erst in späterer Zeit — sagt Fraas[1]) — (er sprach vorher von der Mitte des 18. Jahrhunderts) tauchte nach dem Muster der Landwirte die Ansicht auf, daß ein Wechsel zwischen verschiedenen einen Waldbestand bildenden Holzarten notwendig sei, eine Ansicht, welche zwar nur mit großer Beschränkung und immerwährender Berücksichtigung des Standpunktes des Forstkulturanten, welcher die Natur wohl zu leiten, aber nicht völlig frei gewähren zu lassen hat, aufzunehmen ist, in den späteren Tagen intensiver Forstkultur aber sicher von großer Bedeutung werden wird. Zwar haben sich Hundeshagen und Klauprecht dieser Ansicht fast feindlich gegenübergestellt, und wohl für die Jetztzeit (1852) praktisch richtig, allein man hat doch das durch unabweisbare Bedingungen fortschreitende Wandern und Umwechseln der Waldbilder eines Landes mit seiner Zivilisation und Bevölkerungszunahme so sicher gestellt, daß die volle Aufmerksamkeit des Forstmannes hierher zu fallen hat."

Wollen wir der Untersuchung dieser Frage näher treten, so ist es zunächst unerläßlich, durch eine Vergleichung der Natur von Landwirtschaft und Forstwirtschaft festzustellen, bis zu welchem Grade wir überhaupt die Lehren der Landwirtschaft auf die Forstwirtschaft in dieser Beziehung anwenden dürfen.

Soll der Boden die seinem natürlichen Ertragsvermögen entsprechenden Ernten nachhaltig gewähren können, so muß ihm für die durch die Ernten entzogenen Nährstoffe wie für die etwaige Minderung oder Schwächung seiner sonstigen Produktionsfaktoren,

---

[1]) Geschichte der Landwirtschaft S. 703.

insbesondere auch des physikalischen Zustandes, Ersatz geschafft werden.

Die Landwirtschaft entzieht durch ihre Ernten dem Ackerboden eine bedeutende Menge mineralischer Nährstoffe und Stickstoff. Obgleich für unseren Zweck die absoluten Zahlen weniger wichtig sind, seien doch vergleichshalber folgende erwähnt:

Die Ernteerträge z. B. folgender Pflanzen enthalten [1]) von den drei wichtigsten, weil am leichtesten im Minimum vorhandenen Nährstoffen, Kali, Phosphorsäure und Stickstoff, und von Kalk in Kilogramm pro Hektar:

	Kali	Kalk und Magnesia	Phosphorsäure	Stickstoff
Roggen (bei 16 dz Körnerertrag) . .	38,9	14,0	17,1	43,9
Rüben (400 dz pro Hektar)	247,8	73,9	35,2	124,0
Kartoffeln (200 dz)	105,1	14,7	23,1	82,0

Der Wald braucht z. B. jährlich pro Hektar:

	Kali	Kalk und Magnesia	Phosphorsäure	Stickstoff
Buche [2]) (Hochw. bei 120 jähr. Umtrieb)	14,5	112,4	13,3	54,7[3])
Fichte („ „ 120 „ „)	8,9	79,1	7,9	45,1
Kiefer („ „ 100 „ „)	7,4	35,4	4,8	34,0

Also braucht die Forstwirtschaft zur Erzeugung ihrer Produkte zwar ebenfalls ein großes Nährstoffkapital, aber gerade an den am ehesten im Minimum vorhandenen Kali und Phosporsäure bedarf sie bedeutend weniger, mehr dagegen an Kalk und Magnesia. Vor allem aber entzieht sie dem Waldboden durch die Holzernte nur einen geringen Teil derselben, denjenigen, der im Holze festgelegt ist. Dieser beträgt [4]) z. B. im Durchschnitt bei einem 120 jährigen Umtrieb nur:

	Kali	Kalk und Magnesia	Phosphorsäure	Stickstoff
Buche. I. Ertragsklasse	10,2	25,6	4,6	11,8
„ III. „	6,6	21,1	3,7	9,9
Kiefer. I. „	3,5	12,2	1,6	11,3
„ III. „	2,5	8,2	1,2	8,0

---

[1]) Nach G. Heyer, Lehrbuch der forstl. Bodenkunde usw. S. 483.
[2]) Nach Ebermayer, Lehre der Waldstreu S. 117.
[3]) Nach Dr. J. v. Schröder aus Weber in Lorey Handb. usw. S. 76.
[4]) Mitgeteilt in Martin, Statik S. 318.

Nach RAMANN werden beim Laubholz 10 %, bei Nadelholz und Erle, Akazie nur 15—30 % der aufgenommenen Nährstoffe im Holze angelegt.

Im allgemeinen muß daher dem Boden durch die Holznutzung um so weniger entzogen werden, in je stärkerem Verhältnis das ausgereifte Holz am Gesamterzeugnis Anteil hat, also auch je höher der Umtrieb ist. Bei Herabsetzung des Umtriebsalters muß also auch eine relativ größere Bodenausnutzung stattfinden.

Der größere Teil der Nährstoffe wird dem Boden durch den jährlichen Abfall und durch die absterbenden Wurzeln, die sich in gleicher Weise, wie die Blattorgane, periodisch erneuern, wieder zurückgegeben und kann unter normalen Verhältnissen wieder der Produktion dienstbar werden. Außerdem findet z. B. von Kali und Phosphorsäure eine wiederholte Benutzung auch insofern statt, daß diese aus den absterbenden Blättern im Herbst in den Stamm zurückwandern und im Frühjahr wieder verwendet werden können. Hierbei kann auch auf die Sonderstellung der Phosphorsäure hingewiesen werden: Aus der Tatsache, daß die Phosphorsäure in Ackerböden oft im Mindestmaß vorhanden ist, darf nicht ohne weiteres geschlossen werden, daß dieses eine Eigenschaft der Böden im Naturzustand sei. Die Ackerböden werden zum großen Teil schon seit Jahrhunderten bebaut und haben bis zur Einführung der künstlichen Düngung im wesentlichen nur Stallmistdüngung erhalten. Letztere ist aber für das Phosphorsäurebedürfnis der Ackergewächse, besonders Getreide, zu gering. Möglicherweise ist daher der Phosphorsäuremangel des Ackerbodens erst durch die lange Düngung nur mit Stallmist entstanden und dem unberührten Mineralboden, besonders dem bisher düngungsfreien Waldbau fremd. Der Waldboden zeigt vielleicht daher andere, ursprünglichere und unberührtere Verhältnisse als der Ackerboden.[1]

Gleichwohl findet im Walde ein Entzug statt, der eine allmähliche Erschöpfung zur Folge haben müßte, wenn nicht Ersatz geschaffen wird. Diesen Ersatz bewirkt zunächst der Boden durch die Verwitterung seines Gesteins, die sogenannte „Nachschaffung" des Bodens.

Der Entzug durch die landwirtschaftlichen Ernten ist nun so groß, daß ein Ersatz durch die Verwitterung nicht geschafft werden

---

[1] VATER, Das Zulangen der Nährstoffe im Waldboden. Tharandter Jahrb. 1909, S. 221.

kann. Die Bodenerschöpfung trat daher schon in älterer Zeit, als bei Beginn der Felderwirtschaften auf dem „Feld" nur Körnerfrüchte gebaut wurden, zutage. Dazu kam noch als Bestärkung die Erfahrung, daß selbst mit Dünger sich ein unausgesetzter Zerealienbau nicht erfolgreich fortsetzen lasse.[1]) Die Landwirtschaft sah sich daher genötigt, den Acker nach einigen Ernten ganz in Brache ruhen zu lassen, damit sich wieder ein neuer Vorrat an Nährstoffen durch die Verwitterung sammeln konnte. Mit vermehrter Düngeranwendung kam die Bebauung auch der Brache, mit Drill- und Reihenkultur wurde die Brache der ganzen Fläche unnötig, weil durch die Reihenzwischenräume immer das halbe Feld in Brache lag, und schließlich erkannte man, daß verschiedene Kulturpflanzen einen qualitativ und quantitativ ganz verschiedenen Anspruch an das Nährstoffkapital des Bodens stellten; daß auch nicht alle Gewächse auf frisch gedüngtem bezw. noch zu reichem Acker guttun; daß einige Früchte, besonders wenn sie zur Samenreife kommen, den Boden besonders erschöpfen; daß seicht und tief wurzelnde, schmal- und breitblättrige, stickstoffreiche und stickstoffarme Gewächse den physikalischen und chemischen Zustand des Bodens ganz verschieden beeinflussen. Es wurde also ein Wechsel im Anbau der Pflanzen (Halmfrüchte nnd Futtergewächse bezw. Hackfrüchte) auf derselben Fläche mehr und mehr systematisch durchgeführt. So entstand die moderne Fruchtwechselwirtschaft, durch die sowohl eine stärkere Ausnutzung als zugleich eine größere Schonung der Bodenkraft erreicht wurde. Zugleich fand die Düngerlehre, die für die entzogenen Nährstoffe Ersatz schaffte, ihre weitere Ausbildung, die dann mit dem Fortschreiten der chemischen analytischen Erkenntnisse sich zu der heutigen Vollkommenheit entwickelte.

In der Forstwirtschaft dagegen liegen die Verhältnisse anders:

In dem langen Zeitraum forstlicher Umtriebszeiten kann durch die Verwitterung so viel totes Bodenkapital aufgeschlossen werden, daß die dadurch neu zur Verfügung gestellten Nährstoffe den durch die Holznutzung erfolgenden Entzug ersetzen können, immer dabei normale Verhältnisse vorausgesetzt, daß nämlich die Holznutzung die einzige Nutzung ist und die Holzart eine dem Ertragsvermögen des Bodens und dem Klima entsprechende ist. Dazu kommt noch eine der Waldwirtschaft eigentümliche Tatsache. Durch

---

[1]) FRAAS, a. a. O. S. 726.

die bedeutend stärkere und tiefere Durchwurzelung des Bodens
durch die Bäume und durch die die Verwitterung fördernden Humussäuren[1]) werden aus einem bedeutend größeren Teile des Bodens
als bei der Landwirtschaft Nährstoffe aufgenommen, die dann durch
die Abfälle sich an der Oberfläche des Bodens ablagern, so daß eine
allmähliche Anreicherung der oberen Bodenschichten auf Kosten des
Untergrundes stattfindet, was besonders der neuen Generation im
Jugendstadium zugute kommt, in dem die Pflanzen lediglich auf die
obersten Bodenschichten angewiesen sind.

In der Forstwirtschaft wären also theoretisch die Vor-
bedingungen für einen Fruchtwechsel und künstliche Düngung in
Rücksicht auf die Bilanz des Nährstoffverbrauchs nicht gegeben.
Man sagt: „Der Wald düngt sich selbst." Auch in der Landwirtschaft ist die Idee von der Selbsterhaltung der Felder ohne künstliche Düngung alt (schon PLINIUS). Es ist aber sofort einleuchtend,
daß dieser Vorzug der Forstwirtschaft vor dem Ackerbau verschwinden muß in dem Maße, als die Verhältnisse von dem normalen
abweichen, sei es, daß neben der Holznutzung eine Streu-, Gras- usw.
Nutzung stattfindet, wodurch also eine große Nährstoffmenge der
wiederholten Benutzung entzogen wird, sei es, daß eine dem Boden
nicht entsprechende Holzart vorhanden ist u. a. m. In diesem Falle
der Störung der Nährstoffbilanz ist dann die Forstwirtschaft in
ähnlicher Lage wie die Landwirtschaft, und es liegt nahe, deren
Maßnahmen zur Wiederherstellung des Gleichgewichtes — künstliche Düngung und Fruchtwechsel — auch hier zu prüfen. Eine
Anwendung der künstlichen Düngung des Waldbodens findet immer
mehr Eingang, wenn auch zunächst nur bei Anzucht junger Pflanzen
und zur Förderung des Wachstums der Kulturen. Eine Anwendung
des Fruchtwechsels im Sinne des landwirtschaftlichen dagegen ist
noch nicht in Erwägung gezogen worden, m. E. aus folgenden
Gründen:

Wie oben erwähnt, kann im Walde eine Bodenerschöpfung
nicht so unmittelbar und in die Augen springend eintreten wie
beim Ackerbau, dazu liegen Gründung und Ernte der Waldbestände
2—3 Menschenalter auseinander, so daß der Erntende die Boden-

---

[1]) Mit der Erkennung der Humusstoffe als absorptiv ungesättigte
Kolloide, nicht wie früher als Säuren, muß nach RAMANN die alte Annahme,
daß die Säurewirkung der Humusstoffe wesentliche Bedeutung für die Verwitterung der Silikate hat, aufgegeben werden.

und Ertragsverhältnisse der vorigen Frucht der vorangegangenen Generation nicht aus eigener Anschauung gekannt hat, infolgedessen der Maßstab, den er bei Beurteilung einer Verschlechterung anlegen müßte, sich zugleich mit einer eventuellen langsamen Bodenverschlechterung verschieben muß. Eine weitere Folge des großen zeitlichen Auseinanderliegens von Gründung und Ernte ist, daß bei beiden oft ganz verschiedene wirtschaftliche Verhältnisse vorliegen und damit die Ansprüche, die an den Wald, an die Art seiner Produkte, an die Holzart, ihre Masse und ihre Qualität ganz verschiedene sein können und sind. Es bedarf also, um zu ähnlichen Erfahrungen bezüglich des aufeinanderfolgenden Anbaues ein und derselben Frucht wie die Landwirtschaft zu gelangen, eines mehrere Menschenalter überschauenden Blickes und Urteils, das in seiner objektiven Richtigkeit erschwert oder fast unmöglich gemacht wird durch die sich in dieser Zeit oft vollständig ändernden wirtschaftlichen Voraussetzungen. Und immer bestimmen noch die Umstände die Wirtschaft. Dies hat die Prüfung der Fruchtwechseltheorie bezüglich der Forstwirtschaft bisher erschwert und in den Hintergrund treten lassen. Gründe gegen ihre Anwendbarkeit, gegen eine Untersuchung der Frage, sind aber darin noch nicht zu erblicken.

Doch ich bin von unserem vorliegenden Vergleich der land- und forstwirtschaftlichen Erfahrungen etwas abgeschweift.

Neben der Sorge für nachhaltige Bereitstellung der pflanzlichen Nährstoffe ist oft die Sorge für den anderen, des menschlichen Einflusses zugänglichen Produktionsfaktor des Bodens, seines physikalischen Zustandes, nicht minder wichtig, indem ein günstiger physikalischer Zustand indirekt der Aufschließung der Nährstoffe durch Ermöglichung des Luft- und Wasserzutritts und der Wurzelausbreitung bezw. der Zufuhr von Nährstoffen als Kohlensäure und Ammoniak direkt dienlich ist. Die Nährstoffe sind unwirksam, wenn der Boden nicht „tätig" ist, und die Bodentätigkeit wird bedingt durch den physikalischen Zustand. Es ist nun der Landwirtschaft eine alte Erfahrung, daß die Getreidearten nicht nur den physikalischen Zustand des Bodens sehr verschlechtern durch Verdichtung und Abschließung, sondern auch die oberen Bodenschichten durch ihre Flachwurzeligkeit einseitig stark aussaugen. Man bemerkte aber andererseits, daß die anderen Ackerfrüchte — Blattpflanzen — bei richtiger Behandlung sehr günstig auf die physikalischen Eigenschaften des Ackers wirken und zugleich einen großen Teil der Nahrung aus tieferen Schichten entnehmen „und so der Krume neue Nahrung zuführen, die wieder den seicht wurzelnden zugute kommen".[1] Ein Wechsel im Anbau von flach- und tiefwurzelnden Pflanzen wird also auch dem physikalischen Bodenzustand zugute kommen. Und schließlich wird durch abwechselnden Anbau sogenannter stickstoffsammelnder Pflanzen eine direkte Bereicherung des Bodens an diesem meist zuerst im Minimum vorhandenen Nährstoffe herbeigeführt.

Wenden wir uns wieder zur Forstwirtschaft. Immer normale Verhältnisse vorausgesetzt, haben wir einen ungünstigen Einfluß des Waldbestandes analog der Landwirtschaft nicht zu fürchten. Die Bäume durchziehen den Boden mit ihrem Wurzelwerk in weitem Maße, die absterbenden Wurzeln bieten zahlreiche Hohlräume, die Bodenoberfläche wird durch Abhaltung des direkten Einflusses der Atmosphärilien durch das Kronendach und durch die Tätigkeit einer gesunden Streudecke und der Bodentiere in lockerem Zustande gehalten. Durch die tiefe Durchwurzelung des Bodens, wie oben erwähnt, werden Nährstoffe aus dem Untergrund aufgenommen und an der Oberfläche durch den Abfall abgelagert, so daß sie dort der jungen Generation zugute kommen. Die Versorgung mit Stickstoff wird durch die Lockerung des Bodens und durch die Wurzeln, sowie die in feuchtem Waldesschatten arbeitenden Bodentiere und Bakterien und durch sich zersetzende Streu besorgt. Gleichwohl haben wir auch bei unseren Waldbäumen eine den landwirtschaftlichen Gewächsen entsprechende Differenzierung durch das Vorhandensein tiefwurzelnder einer-, flachwurzelnder Holzarten andererseits, besonders reichen oder nützlichen Humus einer-, wenig und leicht zu Erkrankung neigenden Humus erzeugender Holzarten andererseits, oder Humusbildner bezw. Humuszehrer unter den Holzarten, endlich auch stickstoffsammelnder und stickstoffzehrender Holzarten, so daß nach dieser Richtung ebenfalls eine Vergleichsmöglichkeit gegeben ist.

Endlich verdient die verschiedene Natur der Produkte und der wirtschaftlichen Verhältnisse von Land- und Forstwirtschaft noch Berücksichtigung.

Beide haben zu ihrer Aufgabe die Produktion organischer Substanz; doch während die Landwirtschaft vornehmlich Stärke und Proteinstoffe erzeugen will, hat die Forstwirtschaft in erster Linie

---

[1] Fraas a. a. O. S. 751.

die Produktion von Zellulose zur Aufgabe. Die stickstoffhaltigen Proteinstoffe werden bei der Landwirtschaft daher als Produktionszweck genützt, also bedarf diese besonders der Stickstoffdüngung, zumal letzterer meist im Minimum vorhanden ist. Die eiweißreichsten und damit stickstoffreichsten Teile der Waldbäume sind aber meist die, die nicht genutzt werden, sondern in Form des Abfalls dem Boden wieder zugute kommen. — Die landwirtschaftlichen Produkte finden immer eine unbedingte Nachfrage, da sie den unmittelbarsten dringendsten Bedürfnissen, der Ernährung, dienen; außerdem können sie sich in ihrer Art wegen des meist nur einjährigen Umlaufes eng der Nachfrage anpassen. Die forstlichen Produkte sind im Vergleich hierzu in geringerem Grade der Nachfrage sicher, weil in weit höherem Maße die Möglichkeit ihres Ersatzes durch andere Stoffe besteht und weil eine engere Anpassung an die Nachfrage durch die langen Zeiträume zwischen Anbau und Ernte fast unmöglich ist. Es braucht bloß erinnert zu werden an die Tatsache der schwindenden Nachfrage nach Brennholz, die Forderung von Nutzholz aller Art, damit Wertminderung der Buchenbestände, neue Verwendungsarten für Buchenholz, daher wieder steigende Wertschätzung der Buche, und ähnliches. Aus diesem Grunde ist auch eine direkte umfassende Anpassung bezüglich der anzubauenden Holzart an die jeweilige Nachfrage als bedenklich zu betrachten.

Dafür hat andererseits die Forstwirtschaft den Vorzug, daß die Nachfrage in gewissen Grenzen sich nach dem vorhandenen Angebot zu richten vermag. Der aus verschiedenen Gründen erfolgte massenhafte Anbau von Nadelholz macht mit der Zeit auch die Nachfrage danach lebendiger. Tanne wird in den Gegenden ihres vorzugsweisen Anbaues von den Käufern dem Fichtenholz gleichgeachtet, in Gegenden des Fichtenanbaues weniger geschätzt.

Alles in allem spielt die Zeit in der Forstwirtschaft gegenüber der Landwirtschaft eine überragende ausschlaggebende Rolle.

Schließlich ist noch der grundlegende Unterschied bezüglich des Standortes der Land- und Forstwirtschaft zu erwähnen. Mit dem Fortschreiten der Kultur und Wachsen der Bevölkerung sind die besseren fruchtbaren Standorte immer mehr und mehr dem Ackerbau zugefallen und der Wald ist auf die schlechteren Standorte zurückgedrängt worden und nimmt fast ausschließlich jetzt den absoluten Waldboden ein. Die besseren Standorte, die wegen ihrer Abgelegenheit von Ansiedlungen noch absoluter Waldboden sind, verlieren diesen Charakter ebenfalls mehr und mehr mit der ständig wachsenden Bevölkerung einer- und den sich ständig verbessernden Verkehrsverhältnissen andererseits. Diese Verschiebungen zuungunsten des Waldes müssen naturgemäß gerade den anspruchsvolleren Holzarten nachteilig werden und deren Existenzbedingungen erschweren. Trotz der Genügsamkeit der Waldbäume — im Vergleich zu den landwirtschaftlichen Kulturpflanzen — sind die Verschiedenheiten, die die einzelnen Holzarten in ihrem Anspruch an den chemischen Bodenzustand zeigen, wegen der geschilderten Beschaffenheit ihrer Standorte von größerer und für die Wirtschaftsführung einflußreicher Wichtigkeit. Denn wohl ist die Forstwirtschaft gegenüber landwirtschaftlichen Bodenbenutzungsarten die anspruchsloseste bezüglich des Bodens nach Lage, chemischen Bestandteilen und physikalischen Eigenschaften; indes durch die Einnahme der schlechteren Standorte bleiben die Verhältnisse bezüglich der Statik der Bodenkraft relativ gleich.

Es erübrigt nun noch, einige Begriffsbestimmungen vorauszuschicken, die sich zum Teil aus der geschilderten Sonderstellung der Forstwirtschaft zur Landwirtschaft ergeben, zum Teil für die Klarstellung der folgenden Ausführungen wichtig sind.

Wenn unter Fruchtfolge jede Art der Aufeinanderfolge von Bodenfrüchten an sich zu verstehen ist, so bezeichnen wir mit Fruchtwechsel die Aufeinanderfolge verschiedener Arten von Bodenfrüchten, also eine bestimmte Art der Fruchtfolge. Fruchtfolge ist also der Oberbegriff, Fruchtwechsel der Unterbegriff. In der Forstwirtschaft ist die Fruchtfolge unbedingtes Erfordernis jeder nachhaltigen Wirtschaft im weitesten Sinne, indem wir die Forderung aufstellen, daß eine Fläche dauernd der Holzproduktion gewidmet sei, indem auf jede Bestandsgeneration nach der Abholzung eine neue zu folgen hat. Besteht die folgende Generation aus einer anderen Holzart, so haben wir natürlich schon einen Fruchtwechsel. Ein derartiger Fruchtwechsel hat ja häufig genug stattgefunden in Vergangenheit und Gegenwart aus den verschiedensten Gründen, meist mit der Absicht, die neue Holzart dauernd als Wirtschaftsholzart nachzuziehen. Ein Fruchtwechsel ist also an sich nicht ohne weiteres ein Erfordernis einer nachhaltigen Forstwirtschaft. Die Gründe eines stattfindenden Fruchtwechsels entscheiden über den Charakter desselben im Rahmen der Wirtschaft. Wird dabei zunächst an einen Wechsel mit den Wirtschaftsholzarten gedacht, da diese als „Früchte" anzusehen sind, so ist doch ebenso berechtigt, dass man einen Wechsel in der Holzart mit dem Zwecke, einer später gewünschten Holzart gute Existenzbedingungen zu schaffen, ebenfalls unter den Begriff eines Fruchtwechsels faßt. Eine solche Auffassung erweitert natürlich das Gebiet einer Würdigung des Fruchtwechsels ganz bedeutend. Jedenfalls möchte ich von einem Fruchtwechsel überall da gesprochen wissen, wo wenigstens augenblicklich die angebaute Holzart an sich Wirtschaftsholzart ist, also auch wenn sie nur z. B. eine Zwischengeneration darstellt zur Erlangung günstigerer Produktionsverhältnisse für eine spätere, auch wenn diese Zwischengeneration z. B. von wesentlich kürzerer Dauer, wesentlich kürzerer Umtriebszeit ist als die eigentliche. Überhaupt kann bei Betrachtung eines forstwirtschaftlichen Fruchtwechsels der Zeitbegriff keine solche Rolle spielen in dem Sinne, wie bei der Landwirtschaft, wie überhaupt entsprechend der Natur der Forstwirtschaft von einem zeitlich so festgelegten Turnus im Fruchtwechsel wie in der Landwirtschaft natürlich nicht die Rede sein kann.

Von vornherein ist zu bemerken, daß hier „Fruchtwechsel" nicht aufzufassen ist im Sinne eines im voraus festzulegenden Turnus der Aufeinanderfolge verschiedener Holzarten, sondern in dem Sinne, daß ein Wechsel der Holzarten von Natur sich selbst vollzieht bezw. vollziehen kann, und daß darauf der wirtschaftende Mensch sein Augenmerk zu richten hat, um mit seinen Maßnahmen der Natur nicht entgegen zu arbeiten bezw. hinten nach zu hinken, ebenso wie bei dem aus wirtschaftlichen Rücksichten erfolgenden bewußten Wechsel der anzubauenden Holzart.

Schließlich kann auch in der Forstwirtschaft ein Fruchtwechsel im großen auf großer Fläche durch den Wechsel reiner Bestände ebenso stattfinden wie auf kleinster Fläche in gemischtem Bestande.

Die Gründe zu einem Fruchtwechsel endlich können auch seine Beurteilung beeinflussen; er kann entweder durch die Natur selbst erfolgen, also ein natürlicher sein, oder durch Menschenwille und Menschenhand auf künstlichem Wege eintreten, also ein bewußter künstlicher sein.

Wir legen das Hauptgewicht bei Beurteilung des Fruchtwechsels auf seine Bedeutung für die Erhaltung bezw. Verbesserung der Produktionskraft des Bodens, weil diese die Hauptbedingung ist für eine auch nachhaltig größtmögliche Massen- und Qualitätserzeugung.

I. Geschichtliche Entwicklung.

Natürliche Ursachen eines Fruchtwechsels.

Nach diesen mehr einleitenden Bemerkungen komme ich zur Untersuchung der Frage: aus welchen Gründen und auf welche Weise findet in der Forstwirtschaft ein Fruchtwechsel statt und wie ist derselbe zu beurteilen?

Entsprechend der Natur der Forstwirtschaft, in der der Faktor Zeit eine so große Rolle spielt, wird die Frage zunächst mehr oder weniger vom geschichtlichen Standpunkt zu behandeln sein. Denn die Frage des Fruchtwechsels gehört zu der großen Reihe der Fragen, für deren Lösung das Leben eines einzelnen Menschen zu kurz ist, und das Gebiet der eigenen Beobachtung der Entwicklung zu klein ist. Daher muß die Geschichte zu Hilfe kommen, die uns die Zeitfolge der Erscheinungen, sowie der Forschungen und Urteile verschiedener Menschen vor Augen führt.

Wir müssen zunächst den Gründen des stattgefundenen Holzartenwechsels nachspüren:

Alles ist in Entwicklung von Natur; durch Eingreifen des Menschen wird die Entwicklung kompliziert, so daß es immer mit Schwierigkeiten verbunden, ja oft unmöglich ist, die Wirkungen nach diesen zwei Ursachen streng auseinanderzuhalten.

Fragen wir nach den natürlichen Ursachen eines Fruchtwechsels, so treffen wir auch hier eine innige Wechselbeziehung der verschiedensten Einzelerscheinungen.

Das Klima.

Das Vorkommen von Wald ist an gewisse klimatische Faktoren gebunden. In Deutschland — auf das ich mich hier ausschließlich beschränke — sind die klimatischen Bedingungen für die Waldbildung durchaus gegeben, wenn auch nicht, wie Cotta aussprach, sich ganz Deutschland ausnahmslos mit Wald überziehen würde, wenn der menschliche Einfluß ausgeschaltet würde. Gewisse Bodenzustände würden immer Strecken waldlos bleiben oder werden lassen. In-

gleichen sind die einzelnen Holzarten, aus denen sich der Wald jeweilig zusammensetzt, vor allem ein Ausfluß des jeweiligen Klimas.
Letzteres bestimmt die Verbreitungsgebiete im großen. Die Pflanzengeographie gibt uns näheren Aufschluss darüber. Eine geschichtliche
pflanzengeographische Betrachtung hat daher für uns den Ausgangs-
punkt in der Beantwortung der Frage zu bilden, ob überhaupt und
aus welchen Gründen ein natürlicher Fruchtwechsel stattgefunden
hat und stattfindet. Fraas[1]) kennzeichnet die Wichtigkeit pflanzen-
geographischer Kenntnisse mit den Worten: Es gibt nicht viele
andere Teile der Pflanzenkunde, die so fruchtbringend sind, für
Landwirtschaft und Forstwirtschaft, die so gut jene varianten
klimatischen Einflüsse, sofern sie von den physikalischen Faktoren des
Klimas herrühren, jene öfter grosse Verlegenheiten erzeugenden,
weil unvorhergesehenen und undeutbaren Erscheinungen erklären,
die förmlichen Revolutionen der heutigen Pflanzenwelt gleichsehen
und umsomehr erschrecken, als ihr längstvorhandenes Annähern nicht
bemerkt wird und daher plötzlich erscheint.

Das tatsächliche Vorkommen der Holzarten, die örtliche Verteilung, die dem Waldbild den örtlichen Charakter gibt, ist dann
von den übrigen Faktoren der Pflanzenverbreitung abhängig, insbesondere dem Boden, dem Wasser, dem Tierleben und schließlich,
was hier zunächst nicht in Betracht kommt, dem Menschen abhängig.

Eine Klimaänderung bedeutet also auch eine Änderung der
Existenzbedingungen der Holzarten und muß unter Umständen einen
Wechsel derselben nach sich ziehen. Dieser säkuläre Holzartenwechsel ist vorhanden, sein Beginn liegt beim Auftreten der gegen-
wärtigen Pflanzenwelt überhaupt, also am Ausgang der Eiszeit.
Seitdem ist unsere Pflanzenwelt in einer ständigen Entwicklung
begriffen, deren Spuren wir aus den uns in jüngeren geologischen
Ablagerungen überkommenen Resten und aus kombinatorischen
Schlüssen verfolgen können. Es ist klar, daß diese Entwicklung in
unserer heutigen Zeit nicht zum Stillstand gekommen ist; die Zeiträume, in denen sie sich abspielt, sind nur im Vergleich zu unseren
Wirtschaftszeiträumen so ausgedehnt, daß wir die Änderungen unmittelbar nicht zu bemerken vermögen. Gerade darum müssen wir
uns aber immer des Vorhandenseins bewußt bleiben, um den Er-

---

[1]) a. a. O. S. 271.

klärungsgrund für manche „unvorhergesehene und undeutbare Erscheinungen" nicht zu verlieren.

Nach der Eiszeit fand das Einwandern der Holzarten offenbar nach ihrem Wärmebedürfnis statt.[1]

DENGLER nimmt als Reihenfolge an: Birke, Kiefer, Eiche, Buche, Fichte. Auch in heutigen Laubholzgebieten muß es wohl früher eine Kieferngeneration gegeben haben, die dann wieder vom Laubholz verdrängt wurde, das nach dem klimatisch günstigeren und bodenkräftigeren Westen zu die Oberhand behielt, während nach dem klimatisch ungünstigeren Osten mit ärmerem Boden Nadelholz, insbesondere Kiefer, das Herrschende blieb. Für das Vorhandensein einer Nadelholzgeneration vor dem Laubholz sprechen sich mehrere Stimmen aus. So ist in Hannover auf den großen Laubholzflächen vor dem Eintritt eines milderen Klimas die Kiefer waldbildend gewesen.[2]

HAUSRATH[3] nimmt als wahrscheinlich an, daß im Odenwald nach der Eiszeit Kiefer und Fichte vorhanden waren, die dem Laubholz später Platz machten. In Dänemark war vor der lange vorherrschenden Eichengeneration in vorgeschichtlicher Zeit die Kiefer herrschend.[4] Ähnliche Beobachtungen sind mit mehr oder weniger großer Genauigkeit in vielen Gegenden Nord- und Mitteleuropas zu machen. Der Klimawechsel bleibt die wahrscheinlichste, wenn auch nicht einzige Ursache dieses Baumwechsels.

Daß aber auch in geschichtlicher Zeit das Klima sich fortwährend ändert, dafür Nachweise und Merkmale beizubringen, dürfte nicht schwer sein. So sagt KRAFT[5]: Wir haben offenbar gegen früher eine gänzliche Verrückung der Vegetationsepochen und Niederschläge, die Winter werden immer milder oder doch kürzer, die Vegetation erwacht früher, und wenn auch die Niederschläge im ganzen keine nachweisbare Verminderung erlitten haben mögen, so ist doch die Verteilung derselben der Zeit nach eine ganz andere geworden. Und der logische Schluß, daß die Klimaänderungen auch in gegenwärtiger Zeit nicht zum Stillstand gekommen sein können,

---

[1] DENGLER, Zeitschr. f. d. gesamte Forstwesen 1903, S. 514 ff.
[2] ZIMMERMANN, Zeitschr. f. Forst- u. Jagdwesen 1908.
[3] Forstwissenschaftl. Zentralbl. 1905, S. 65 ff.
[4] KRAUSE, Naturw. Wochenschr. 1891, S. 493 ff.
[5] In BURCKHARDT, „Aus dem Walde" VI, 112.

liegt ja auf der Hand, und wenn sie auch im Vergleich zu unseren Wirtschaftszeiträumen verschwindend sind, so muß doch eine, wenn auch noch so allmähliche Änderung schließlich einmal ihre Wirkungen zeigen, so daß damit ein starres Festhalten z. B. bezüglich der gewählten Holzart in Widerspruch treten kann. Gerade unmerkliche und allmähliche Wirkungen haben es ja an sich, übersehen oder doch unterschätzt zu werden. Ein zahlenmäßiger Nachweis der Klimaänderung ist allerdings unmöglich, da meteorologische Daten infolge der Jugend der exakten meteorologischen Wissenschaft nicht zu Gebote stehen. Daß aber auch innerhalb dieser fortschreitenden Klimaänderung ein periodischer Klimawechsel stattfindet, dafür haben Professor Brückners Untersuchungen den Nachweis gebracht, der Schwankungswellen von 35 Jahren feststellte. Auch das periodische Wachsen und Zurückweichen der Gletscher gehört hierher. Wenn wir dabei bedenken, daß nur eine geringe Änderung der mittleren Jahrestemperatur, vor allem der vier Vegetationsmonate Mai—August das normale Gedeihen einer Holzart in Frage stellen kann, daß auch schon geringste Klimaänderungen vor allem auf die Fortpflanzungsfähigkeit, die Samenbildung der Holzarten merkbaren Einfluß haben können (schon Hundeshagen führte das örtliche Ausgehen einer Holzart durch verminderte Fortpflanzungsfähigkeit auf den periodischen Wechsel oder Änderungen des Klimas zurück),[1] so können auch diese an sich geringen Schwankungen des Klimas für die Forstwirtschaft von Bedeutung sein. Dabei ist zu berücksichtigen, daß die übrigen Faktoren des Pflanzenwuchses und der Pflanzenverbreitung, wie physikalischer nnd chemischer Bodenzustand, Daseinskampf, Tierwelt usw. vom Menschen beeinflußt, korrigiert werden können, daß wir aber auf das Klima im großen keinen Einfluß haben und in unseren Maßnahmen nach dem Gegebenen uns richten müssen.

Der Boden.

Aber auch der andere bedeutende Vegetationsfaktor, der Boden, läßt ähnliche Betrachtungen zu. Die Böden Mittel- und Nordeuropas sind geologisch junge Böden, und hierdurch sind die Umbildungen, die dem herrschenden Klima entsprechen, vielfach noch nicht zum Abschluß gelangt.[2] Der Boden nach der Eiszeit war ein Rohboden,

---

[1] Prüfung der Cottaschen Baumfeldwirtschaft 1820/33.
[2] Ramann, Bodenkunde 1905, S. 407 u. 214.

hervorgegangen aus zermahlenem Gestein, zumeist reich an Kalk. Dieser war Birke und Aspe willkommen, wurde von Kiefer und Eiche ertragen, sagte aber Buche und Fichte nicht zu; erst mit fortgeschrittener Verwitterung wurde Buche und Eiche überlegen, und erst nach der Auswaschung und saurer Humusbildung wurde die Fichte der Buche überlegen. So war der von Natur vor sich gehende Holzartenwechsel auch in den Bodenverhältnissen begründet. Verwitterung und Auswaschung, besonders des Kalkes, der Rohböden schreiten weiter fort und so liegt auch hierin die Begründung eines noch weiter fortschreitenden Holzartenwechsels, wenn nicht menschlicher Einfluß hier ändernd oder korrigierend, hemmend oder fördernd wirkt, was bezüglich des Bodens im Gegensatz zum Klima möglich ist, wie ja auch tatsächlich hierin der menschliche Einfluß tiefe Spuren hinterlassen hat; doch davon später. Vermag auch der Waldbestand lange Zeit den einmal vorhandenen Bodenzustand zu erhalten, indem durch Streuabfall der Auswaschung entgegengewirkt wird, so handelt es sich dabei doch nur um eine Verlangsamung eines unvermeidlichen Prozesses, der namentlich in Sandböden verläuft und in humiden Böden früher oder später zu einer Verarmung führen wird.[1]

Wir stehen noch mitten drin in großen geologischen Entwicklungsreihen mit Veränderung der Pflanzengesellschaften,[2] die Entwicklung vollzieht sich ganz unmerklich vor unseren Augen, aber eine Entwicklung ist es, und so ist uns die Möglichkeit gegeben, in einen winzigen Bruchteil dieser Entwicklung in der Gegenwart hineingestellt, auch auf sie einzuwirken bezw. nach ihr uns richten zu können.

Neben diesen allmählich fortschreitenden Änderungen des Bodens aus geologischen Entwicklungsgründen können noch andere Ursachen allmähliche oder plötzliche Veränderungen in den Bodenverhältnissen hervorrufen, die ihre Rückwirkung auf die Bestockung des Bodens äußern. Naturereignisse, wie verheerende Stürme, Brände usw. können auf große Strecken den Boden bloßlegen, und durch daraus folgende ungünstige Veränderung seines Zustands, wie durch Beseitigung der Konkurrenz der früheren Waldbestockung einen Holzartenwechsel bedingen; Springfluten, Überschwemmungen

---

[1] RAMANN a. a. O. S. 214.
[2] DRUDE, Pflanzengeographie, S. 108.

können den Boden in einen für andere Holzarten geeigneteren Zustand versetzen u. a. m. Insbesondere können sich auch die Grundwasserverhältnisse ändern, was für eine Wandlung der Bestockung von größtem Einfluß werden kann. RAMANN weist nach, daß die durchschnittliche Höhe des Grundwassers im Lauf weniger Jahre um $1/_2$ m und mehr wechseln kann. Wahrscheinlich stehen diese Erfahrungen mit periodischen Klimaschwankungen im Zusammenhang.

Biologisches Verhalten der Holzarten.

Ferner trägt der Wald in sich selbst die Bedingungen eines Wechsels der ihn zusammensetzenden Holzarten. Auch in derselben geologischen Formation, in derselben Klimaperiode ist die Pflanzenwelt in einem beständigen Werden und Vergehen, in fortwährender Änderung begriffen. Die durch Klima und Boden ihre Existenzbedingungen findenden Holzarten treten miteinander in gesellschaftliche Beziehungen fördernder oder hemmender Art, in Konkurrenz, in Daseinskampf. Ja, es ist vielfach versucht worden, den natürlichen Holzartenwechsel unabhängig von den klimatischen Änderungen zu erklären. Die verschiedenen Holzarten schaffen gewisse, für sie typische Bodenzustände, die entweder ihrem weiteren freudigen Gedeihen hinderlich werden oder das Emporkommen anderer Holzarten erleichtern und fördern.

Der natürliche Holzartwechsel beruht auf dem Wechsel zwischen Schatten und Licht, Schutz und Verdämmung, Herrschaft und Unterdrückung (Schnellwüchsigkeit, Bodenansprüche, Lichtansprüche). Von Natur treten in gemäßigtem Klima mehrere Holzarten in Mischung miteinander auf. Je mehr indessen ein nur einzelnen oder nur einer Holzart zusagender Faktor überwiegt, um so mehr machen Mischbestände reinen Beständen Platz. Vermöge seiner Genügsamkeit im Vergleich zum Laubholz im allgemeinen erlangt das Nadelholz das Übergewicht, je schwieriger in einer Gegend das Baumleben allgemein wird, so also besonders im Gebirge mit dem Rauherwerden des Klimas (reine Fichtenbestände) und auf ärmeren Böden, besonders in der Ebene (reine Kiefernbestände). Abgesehen aber von solchen extremen, durch Klima oder Bodenverhältnisse hervorgerufenen Fällen, finden sich immer mehrere Holzarten zur Waldbildung ein, die miteinander in Wechselbeziehungen treten.

Der Vorgang bei der Waldbildung auf einer sich selbst überlassenen, vom alten Bestand entblößten Fläche zeigt uns an einem Beispiel den Verlauf des durch die biologischen Eigenschaften der Holzarten selbst hervorgerufenen Wechsels. Zuerst stellen sich die leichtsamigen und zugleich genügsamen Holzarten ein wie Birke, Aspe, sowie Nadelholz. Dazwischen tauchen dann später auch die schwersamigeren, meist durch Vögel verbreiteten Holzarten, wie Eiche und Buche, auf, die unter dem schützenden Schirm der Weichhölzer angemessenes Gedeihen finden. Eiche und Buche erhalten bald das Übergewicht, indem sie die anderen entweder überleben (Eiche) oder zum Teil durch ihre dichte Beschattung (Buche) verdämmen. Eiche und Buche werden, wenn keine Störungen eintreten, herrschend werden, aber niemals werden sie ganz rein vorkommen. Der reine Buchenwald ist ein Kulturprodukt.[1]) (Entsprechend werden unter anderen Klimabedingungen Fichte bezw. Tanne herrschend.) Es beginnt nun ein ständiger Wechsel. Die Eiche wird sich vermöge ihrer größeren Lebensdauer der Buche gegenüber behaupten. Unter der Schirmfläche der Eiche können aber keine jungen, gegen Beschattung empfindliche Eichen emporkommen, Schatten ertragende Sämlinge der benachbarten Bäume (z. B. Buche, Hainbuche) werden bald den Boden decken. Stirbt dann ein alter Baum oder entsteht sonstwie eine leere Stelle, dann siedeln sich schnell auf ihr wieder Weichhölzer an, unter denen wieder junge Eichen ihr Gedeihen finden können, die mit den Jungwüchsen der Schattenhölzer wieder in Wettkampf treten, und das Wechselspiel beginnt von neuem. Die lichtbedürftigeren Holzarten, wie Kiefer und Eiche, sind bei gleichzeitiger Entwicklung gegenüber den schattenden Holzarten, wie Buche, im Nachteil, während andererseits die raschwüchsigen Holzarten, wie Kiefer, leicht das Übergewicht dadurch über Eiche und Buche erlangen können. (NB. ist das Erwähnte nur ein Beispiel, wie sich ein Wechsel von selbst auf biologischer Grundlage abspielen kann.) Änderungen in der Bodenbeschaffenheit, wie sie durch den den einzelnen Holzarten typischen Einfluß auf den Bodenzustand hervorgerufen werden, geben weiteren Anlaß zum Wechsel, der sich um so leichter vollzieht, je mehr durch das Nebeneinander der Holzarten nur geringe Änderungen zur Entscheidung des Konkurrenzkampfes für die eine oder andere genügen müssen. Die Änderungen, die die Holzarten selbst im Bodenzustand

---

[1]) Krause, Ursachen des säkularen Baumwechsels in den Wäldern Mitteleuropas. Naturwissenschaftl. Wochenschrift 1891, S. 493.

hervorbringen, sind bekannt. Wenn die genügsamsten Holzarten, wie gerade die Kiefer, sich auf ärmerem oder verarmtem Sandboden anzusiedeln und zu gedeihen vermag, so ist sie durch ihren Abfall und die Bodenbedeckung imstande, dessen chemischen und physikalischen Zustand so zu bessern, daß er in der Folge auch anspruchsvollere Holzarten zu tragen vermag. Einem Einwandern derselben steht daher nichts im Wege und es erfolgt auch häufig, wenn der Wald sich selbst überlassen ist. Einmal eingewandert, vermögen sie, wie oben angedeutet, sei es durch höheres Lebensalter oder durch größeres Schattenerträgnis, die lichtbedürftige Kiefer zu unterdrücken und herrschend zu werden. Schaffen diese Holzarten unter sich nun einen solchen Bodenzustand, daß dem Keimen der jungen Generation Schwierigkeiten entstehen, so setzen sie dadurch selbst ihrem Fortbestehen ein Ziel, und wieder andere, den neuen Bodenverhältnissen angepaßte Holzarten müssen an ihre Stelle treten. So kann z. B. der Buchenwald eine durch ihn selbst beschränkte Dauer haben; die Buche wirkt austrocknend auf den Untergrund (P. E. Müller) und neigt leicht zur Ansammlung mächtiger Laubschichten am Boden, in denen die jungen Buchenwurzeln nicht Wurzel schlagen können. P. E. Müller hat diesen Holzartenwechsel für Dänemark besonders eingehend dargestellt und Pfeil ihn 1845 schon für Brandenburg nachgewiesen in der Umwandlung der Kiefernheiden in „Eichen- und Buchenheiden".

Die Natur wechselt, sich selbst überlassen, unleugbar mit den Holzarten, indem entweder der Boden sich bessert und anspruchsvollere an Stelle genügsamerer treten oder eine Bodenverschlechterung durch irgendwelche Ursachen eintritt und dann nur genügsame Holzarten den Prozeß von neuem beginnen können. Überall, wo die Bestockung (z. B. Eiche, Buche, Rüster, Tanne) mehr das Produkt des durch Abfall und Bedeckung geschaffenen günstigen äußeren Bodenzustandes als des natürlichen Reichtums des Bodens ist, da sind gleich wieder Kiefer, Fichte, Birke, Aspe bei der Hand, um den Boden in Besitz zu nehmen, sobald der äußere Bodenzustand sich verschlechtert. Auch die verschiedene Tendenz der Verbreitung der Holzarten nach den Himmelsrichtungen gehört hierher. So haben die Holzarten, deren Samenabfall auf Trockenheit angewiesen ist, wie Fichte, Kiefer, Tanne, Lärche, in Deutschland die Tendenz der Ausbreitung nach Westen, die Holzarten, deren Samen durch heftigeren Wind losgerissen werden müssen, die Ausbreitungstendenz nach Osten (Esche, Ahorn, Linde, Hainbuche) (MAYR). Ebenso kommt das Mannbarkeitsalter, Häufigkeit des Samenerträgnisses in Betracht.

So sind auch im biologischen Verhalten der Holzarten selbst und ihrer Rückwirkung auf die Bodenbeschaffenheit die mannigfachen Möglichkeiten eines Wechsels gegeben. Es ist eine alte Erfahrung, daß die in Mischung tretenden Holzarten sich lieber unter anderen als unter ihresgleichen ansiedeln. Und so wandelt sich auch ein von Natur gemischter Wald ständig um, nicht in seiner Gesamterscheinung, wohl aber in sich selbst. Es findet ein ständiger Holzartenwechsel auf kleinster Fläche statt. „Es ist ebenso wahrscheinlich, daß ein gemischter Bestand seine Hauptarten an den einzelnen Stellen wechseln läßt, als daß bald diese, bald jene Art vorübergehend zur Herrschaft gelangt, als daß endlich der Wald eines Schlages nach Erschöpfung in sich selbst nun durch einen ganz anderen Schlag abgelöst wird" (DRUDE). VAUPELL hat für Dänemark und KORZSCHINSKY für das mittlere Rußland[1]) den Holzartenwechsel allein auf die Eigentümlichkeit des Verhaltens der verschiedenen Bäume zurückgeführt. Da Kiefer lichter als Eiche und diese lichter als Buche, so müsse Eiche später einwandern als Kiefer, unter dem lichten Kieferschirm gut wachsen und letztere später ersticken. Ebenso täte es die Buche mit der Eiche, und dann wanderte die Fichte ein, die die Buche überwindet (P. E. MÜLLER). Um die tatsächlichen Erscheinungen des im Laufe der Jahrhunderte und Jahrtausende vollzogenen und sich allmählich noch heute unter Ausschaltung des menschlichen Einflusses vollziehenden natürlichen Holzartenwechsels zu erklären, reicht aber eine so einseitige Begründung nicht aus. Der Holzartenwechsel hat vielmehr seinen Grund in dem äußerst schwierig zu zerlegenden Zusammenwirken einer großen Zahl, teils nur früherer, teils noch jetzt tätiger Einflüsse entwicklungsgeschichtlicher, klimatischer und bodenkundlicher Faktoren. Nur ist die Tatsache vorhanden, daß die Natur selbst nach einem Wechsel strebt und dieser Wechsel sich ständig von Natur in größeren oder kleineren Zeiträumen vollzogen hat und vollzieht. Es kommt darauf an, uns dessen bewußt zu bleiben, wenn wir jetzt die gewaltigen Änderungen, die durch das Eingreifen des Menschen hervorgerufen wurden und werden, in den Bereich der Betrachtung ziehen. Die letzte Epoche in der Ent-

---

[1]) Naturw. Wochenschrift 1891, S. 493.

wicklungsgeschichte der Pflanzenwelt wurde durch das Auftreten des Menschen hervorgerufen.

Die mannigfachen Einflüsse, die im Laufe der Jahrhunderte einen Holzartenwechsel hervorriefen, haben einen Zustand der Holzartenverbreitung geschaffen, mit dem der Mensch, der seine wirtschaftende Hand an die Wälder legte, rechnen mußte und muß, der aber, wie immer betont werden muß, nicht ein konstanter ist sondern nur im Vergleich zu den kurzen Zeiträumen, in denen und mit denen der Mensch wirtschaftet, und der geringen Spanne Zeit, seit er überhaupt Waldwirtschaft treibt, konstant erscheinen kann.

Die Kenntnis der natürlichen klimatischen Verbreitungszonen der Holzarten ist daher für die Forstwirtschaft von größter Wichtigkeit und bildet bei einer Erörterung über forstlichen Fruchtwechsel gleichsam das Gerippe, um das sich die Frage aufbaut.

Wir begegnen hier nun gleich anfangs einer großen Schwierigkeit: Die menschliche Tätigkeit hat auf die tatsächlich vorliegende Verbreitung der Holzarten durch die künstliche Waldkultur einen solchen Einfluß gehabt, daß es in vielen Fällen fast unmöglich ist, das natürliche Verbreitungsgebiet vom künstlichen, der Kulturzone, zu trennen. Wir haben zur Feststellung der natürlichen Verbreitung drei Mittel:[1]) Einmal durch Feststellung der Verbreitungsmöglichkeiten an Hand der biologischen Eigenschaften der Hölzer, sodann durch statistische Erfassung der heute noch vorhandenen Holzartengebiete nach massenhaftem Vorkommen, uralten Bäumen und Beständen, und endlich durch alte Urkunden und sonstige historische Hilfsmittel. Leider sind nun diesbezügliche allgemein umfassende Arbeiten, die, soweit möglich, zweifelsfrei die natürlichen ursprünglichen Verbreitungsgebiete der Holzarten dartun, noch nicht vorhanden, wenn auch von Seiten der forstlichen Versuchsanstalten in Angriff genommen. Nur bezüglich der Kiefer liegt die abgeschlossene Arbeit Denglers vor, außerdem einige ein begrenztes Gebiet umfassende Lokalarbeiten, wie von Beck für Sachsen. Da wir aber auch die gegenwärtigen natürlichen Verbreitungszonen der Holzarten als etwas der Veränderung unterworfenes ansehen müssen, bedarf es für den Gebrauch des Wortes „ursprüngliches oder natürliches Verbreitungsgebiet" einer Begrenzung des Begriffs.

---

[1]) H. Mayr, Die ursprüngliche Verbreitung der Nadelholzbäume in Bayern (Vortrag in der Bayerischen botan. Gesellschaft 1906).

Wir geben ihn nach Dengler:[1] Ein ursprüngliches, natürliches Vorkommen ist nicht ein ursprüngliches, d. h. ehemaliges Vorkommen an und für sich, sondern ein heutiges Vorkommen, wenn es sich bis über den Beginn des Anbaues hinaus ohne wesentliche Lücke bis zu einer Zeit verfolgen und nachweisen läßt, in der eine künstliche Einbringung nach Kulturzustand und speziell nach dem Stande der Forstwissenschaft ausgeschlossen ist, so daß also die heutigen Individuen als Nachkommen jener natürlichen Voreltern aufzufassen sind, auch trotz eventueller künstlicher Verjüngung (z. B. der Fichte im Harz). Ob die betreffende Holzart in der Urzeit vorgekommen ist, ist eine Frage für sich. Es ist fast nachweisbar, daß Holzarten, die ursprünglich natürlich vorgekommen, auch ebenso natürlich wieder verschwunden sind.

In großen Zügen, soweit es vorläufig für unsere Betrachtung von Belang, wissen wir folgendes über die natürliche horizontale geographische Verbreitung der wichtigeren Wirtschaftsholzarten.

Die Eiche hat in Deutschland keine natürliche horizontale Grenze. Die Buche erreicht in Ostpreußen in einer Linie Königsberg—Warschau ihre Ostgrenze. Die Fichte hat in Ostpreußen eine Westgrenze, die weiter durch Russisch-Polen läuft, in Schlesien wieder iu Deutschland eintritt und dann als eine Nordgrenze durch Sachsen nach dem Thüringer Wald und Harz geht, wo sie durch eine südliche Umbiegung wieder zur Westgrenze wird, die über den Jura und Schwarzwald zum Bodensee verläuft. Borggreve nimmt als ausschließliche Westgrenze eine Linie Elbing—Oppeln an. Das Vorkommen westlich dieser Linie beschränke sich natürlich auf die höheren mittel- und süddeutschen Gebirge, sei also nur eine vertikale Modifikation. Dengler bezeichnet das Vorkommen der Fichte in der Lüneburger Heide als eine vorgeschobene Insel ursprünglichen natürlichen Vorkommens. Bezüglich der natürlichen Verbreitungszone der Fichte neigt man der Annahme zu, daß diese noch nicht die Grenze des möglichen natürlichen Vorkommens angibt, sondern vieles rein entwicklungsgeschichtlich durch die späte und unvollkommene Einwanderung der Fichte zu erklären ist. Die Tanne findet in Deutschland eine natürliche Nordgrenze, die zum größten Teil der Fichte gleich verläuft: Vogesen, Schwarzwald, Thüringer Wald, ausschließlich Harz, dann bis Schlesien mit Fichte fast gleichlaufend. Die Kiefer

---

[1] Zeitschr. für das gesamte Forstwesen 1903, S. 514 ff.

hat eine Westgrenze in der Elbe-Saale-Linie. Westlich dieser Linie finden sich inselartige natürliche Vorkommen in der Lüneburger Heide, am Harz, westlich des Thüringer Waldes, und sporadisch in den süddeutschen Gebirgslagen und Hochebenen, während das Vorkommen in der Rhein-Main-Ebene bei Frankfurt ein Ergebnis künstlichen Anbaues der letzten Jahrhunderte ist. Man neigt, wie auch aus diesem zerstreuten Vorkommen wahrscheinlich erscheint, der Meinung zu, daß die Kiefer eine klimatische Grenze in Deutschland vielleicht überhaupt nicht hat, da sie noch unter ganz anderen klimatischen Extremen anderwärts vorkommt. Ihre tatsächliche natürliche Verbreitung wird ein Ergebnis des Kampfes ums Dasein sein, in dem die Kiefer nur auf den ärmeren und sandigen Böden und in dem klimatisch ungünstigeren Osten gegenüber den anderen Holzarten die Oberhand behalten hat. Esche und Rüster haben ihr eigentliches natürliches Verbreitungsgebiet außerhalb (südlich) Deutschlands, ihr natürliches Vorkommen in Deutschland ist daher ein örtlich durch die Bodenbeschaffenheit (Auen- und besonders gute Kalk- und Lehmböden) modifiziertes.

Die vertikale geographische Verbreitung ist immer eine relative, je nach der absoluten Höhe der Gebirge und ihrer relativen im Vergleich zur Umgebung. Besondere Erwähnung verdient hier nur die Lärche, die eine horizontale natürliche Verbreitung in Deutschland nicht hat, sondern nur in vertikaler Beziehung ein natürliches Vorkommen in den Alpen besitzt.

Das örtliche natürliche Vorkommen ist abhängig von der Bodenbeschaffenheit je nach den verschiedenen Ansprüchen der Holzarten, von ihrer Ausrüstung bezw. des Konkurrenzkampfes untereinander (Kiefer in Sandboden, Erle in nassem tiefgründigem Boden, Fichte in den Gebirgslagen). Die Wärmesumme allein, bezüglich deren die Ansprüche der Holzarten neuerdings von MAYR in erschöpfender Weise dargestellt worden sind, kann zur Erklärung der tatsächlichen natürlichen Verbreitung nicht ausreichen.

Das Gedeihen einer Holzart hängt nun natürlich mit der Lage des jeweiligen Vorkommens innerhalb des natürlichen Verbreitungsgebietes eng zusammen. Es gibt innerhalb desselben ein Maximum und Minimum der für das Gedeihen erforderlichen Bedingungen, eine Wärme- und Kältegrenze, und ebenso ein Optimum des Gedeihens. Auf die mannigfachen Beziehungen, die sich in dieser Richtung ergeben, kann natürlich im Rahmen dieser Arbeit nur hingewiesen werden. Eine recht eingehende Würdigung haben sie in Mayrs Waldbau gefunden. Im mittleren Teile des natürlichen Verbreitungsgebietes überwiegen die klimatischen, an den Grenzen desselben die örtlichen Einflüsse, insbesondere die des Bodens. Je weiter eine Holzart von ihrem Optimum entfernt ist, um so mehr tritt sie in Berührung und Konkurrenz mit den Holzarten, die in dieser Örtlichkeit ihrem Optimum näher sind als erstere. Damit hängt die Erscheinung zusammen, daß, je größer die Entfernung vom Optimum, um so größer für die Holzart das Bedürfnis wird nach einem Zusammenleben mit anderen Holzarten, anderen Pflanzen und Organismen zum Zwecke des Schutzes. Der Ausdruck des „Herrschens" einer Holzart kann sich nur auf eine gegebene geographische Lage beziehen, je weiter eine Holzart von ihrer eigentlichen Heimat entfernt ist, um so einzelner erscheint sie eingesprengt, während sie in dieser „herrschend" ist. Je weiter vom Optimum entfernt, um so stärker müssen sich Minimumwirkungen bemerkbar machen, von um so entscheidenderem Einfluß werden einzelne Faktoren, besonders der Boden. Damit ist die Gefahr angedeutet, die darin liegen muß, wenn die Erfahrungen über Wachstumsleistungen einer Holzart in ihrem Verbreitungsoptimum beim künstlichen Anbau außerhalb des Optimums oder gar des natürlichen Verbreitungsgebietes zu Voraussetzungen genommen werden. Besonders wichtig sind darum die Grenzgebiete der natürlichen Verbreitung. Für die Forstwirtschaft ist dabei besonders beachtenswert: die Änderungen in der Samenproduktion und natürlichen Verjüngungsfähigkeit, in der Lebensdauer, in der äußeren Vollkommenheit und in der Zunahme der Einwirkung feindlicher Organismen an Häufigkeit und Heftigkeit. Die nach den Grenzen hin zunehmende Konkurrenz anderer Holzarten eröffnet dann die mannigfaltigen Möglichkeiten des Eingreifens der forstlichen Kunst, die sich fördernd und hemmend in bezug auf die eine oder andere Holzart äußern kann. Fehlt die Konkurrenz anderer Holzarten, so kann eine Holzart auch über ihre sonstige Grenze hinausgreifen. Vor allem der Mensch hat es in der Hand, diese Konkurrenz zu beseitigen. Die Grenzen der natürlichen Verbreitungsgebiete stellen sich sonach als kritische Punkte dar, die besondere Aufmerksamkeit verdienen. Gerade in Deutschland haben wir mehrere solcher kritischer Punkte. Während (nach Dengler) der 12.—17. Längengrad gar keine Pflanzengrenzen aufweist, so haben wir besonders kritische Punkte mit ausgesprochenem Klimawechsel, in denen sich mehrere Pflanzengrenzlinien schneiden, besonders zwischen dem 10. und 12. Längengrad, in dem das maritime in das Kontinentalklima, zwischen dem 51. und 52. Breitengrad, in dem das Gebirgsklima in das der Tiefebene übergeht. DENGLER nennt besonders den Schnittpunkt der Verbreitungsgrenzen von Bnche, Fichte, Tanne an der russisch-polnischen Grenze und der nordwestlichen Spitze des Thüringer Waldes, wo Grenzen der Fichte, Tanne und Kiefer zusammenstoßen. Besonders ist auch Sachsen als Grenzgebiet von Bedeutung, indem das nordostsächsische Kiefergebiet den südlichen Ausläufer des großen nordostdeutschen Kieferngebiets darstellt, mitten durch Sachsen das Grenzgebiet der natürlichen Verbreitungszone der Fichte verläuft, und im Nordwesten sich ein ursprüngliches reines Laubwaldgebiet befindet, das wohl einen Zusammenhang mit dem westdeutschen Laubwaldgebiet darstellt.

Die menschliche Tätigkeit und Wirtschaft hat nun vielfach die natürlichen Verbreitungsgrenzen verwischt, indem durch künstliche Verjüngung die sogenannte Kulturzone geschaffen wurde, wodurch die tatsächliche gegenwärtige Verbreitung der Holzarten bedingt wird.

Auch hierbei sind die Grenzgebiete deshalb besonders wichtig, weil hier natürliche und wirtschaftliche Grenzen sich gegenüberstehen, die nicht zusammenfallen. — Es ist klar, daß ein solches Eingreifen von außen in die durch das freie Walten der Natur geschaffenen Zustände von größter umgestaltender Bedeutung werden mußte. Wie sich nun das Eingreifen des Menschen gestaltete und welche Wirkungen es hatte, soll uns im folgenden beschäftigen.

Künstliche Ursachen eines Fruchtwechsels.

Die menschliche Tätigkeit wirkte am meisten von allen Faktoren direkt und indirekt umgestaltend auf Beschaffenheit und Zusammensetzung des Waldes. Die ganze Epoche von den ersten Rodungen der Markgenossen an, von der Zeit an, wo die Vernichtung des Waldes ein verdienstliches, kulturförderndes Werk war, bis zum Ausgang des Mittelalters und Beginn einer geordneten Forstwirtschaft, stellt sich mehr oder weniger als eine Zeit der Mißwirtschaft, der Raubwirtschaft dar, bis der Wald einerseits so herabgekommen war, die Bedürfnisse der wachsenden Bevölkerung andererseits so gestiegen waren, daß damit die zwingende Notwendigkeit zur Geburt einer geordneten Forstwirtschaft gegeben war.

Die Forstgeschichte gibt uns das Bild dieser Entwicklung. Hier kommt es darauf an, das hervorzuheben, was in Beziehung zu dem eingetretenen Holzartenwechsel steht, was ihn vorbereitete, begünstigte und nötig machte. Die einzelnen Entwicklungsphasen hängen aber oft innig in ihrer verschiedenen Wirkung miteinander zusammen, so daß eine getrennte Besprechung derselben immer unter diesem Gesichtspunkt betrachtet werden muß.

Das rasche Anwachsen der Bevölkerung Deutschlands ist die Grundursache aller eingetretenen Veränderungen. Zur Befriedigung der Nahrungsbedürfnisse brauchte man Ackerland und die Waldrodung schritt daher schnell vorwärts, naturgemäß auf den besseren und besten Bodenpartien. Dem Walde wurde immer der beste Boden mehr und mehr entrissen. Prozentual mußte sich daher der Wald verschlechtern, indem mit den besseren Böden auch den anspruchsvolleren Holzarten, dem Laubholz im allgemeinen, die zukommenden Standorte entzogen wurden. Was eventuell vom Ackerbau dem Walde zurückgegeben wurde, waren die schlechten und schlecht gewordenen, abgetragenen Flächen, die nun nur genügsame Holzarten, besonders Nadelholz, zu tragen vermochten. Als Übelstand wurde dies nicht empfunden, da das Nadelholz gerade geeignet war, die Bedürfnisse eines stark bevölkerten Landes besser zu decken als Eiche und Buche. Diese prozentuale Abnahme der besseren Waldböden mußte noch fortschreiten in dem Maße, als die Landwirtschaft durch verbesserte Technik (Düngung, Bearbeitung usw.) auch geringere Böden ihren Zwecken dienstbar zu machen lernte. Wie der Wald zuerst ein Kulturhindernis war, so stand er später mehr oder weniger im Dienste der landwirtschaftlichen Produktion. Die landwirtschaftlichen Bedürfnisse, die er zu befriedigen hatte, bildeten seinen Hauptwert.

Die Viehwirtschaft benötigte die Waldweide vor Einführung der Stallfütterung. Der Weidebetrieb bevorzugte ebenfalls die kräftigeren, besseren Böden wegen der reichlicheren und besseren Futterproduktion; ferner konnte nur in lichtem Bestande geeignetes Futter wachsen, weshalb gerade die lichtwüchsigen Laubhölzer, unter ihnen besonders Eiche, bevorzugt wurden. Also je lockerer der Bestandsschluß, desto willkommener. Dies war zugleich günstig für die Mastproduktion der Bäume, die ebenfalls eine Hauptnutzung im Walde darstellte. Die nach vielen Richtungen also willkommene lichte Bestandsstellung mußte natürlich die ungünstigsten Wirkungen auf den Boden haben, die die unter Umständen günstige Lockerung des Bodens durch den Tritt des Weideviehes, durch das Brechen der Schweine, durch die Düngerzufuhr des Viehes, überwiegen mußten. Die direkte Schädigung der Waldsubstanz durch Verbeißen der Pflanzen, durch Vertreten und Verlagern der Jungwüchse, Verdichtung und Verfilzung des Bodens durch den ständigen Grasabbiß und die Verhinderung jeglicher natürlicher Verjüngung des Waldes vervollständigten die ungünstigen Wirkungen der Waldweide.

Dazu kam das mit wachsender Bevölkerung zunehmende Bedürfnis nach Waldstreu. Der Wald tritt auch hier als Streulieferant in den Dienst der Landwirtschaft. Bedenken wir, daß das Gleichgewicht zwischen Ernährung und Entzug im Walde durch den Abfall, der dem Boden alljährlich zurückgegeben wird, erhalten wird, und daß daran unter normalen Verhältnissen die Nachhaltigkeit der Produktivkraft des Bodens gebunden ist, so muß die Schädigung der Bodenkraft durch die rücksichtslose und übertriebene Streuentnahme, wie sie etwa seit dem 16. Jahrhundert in steigendem Maße in Übung kam, einleuchten. Nicht nur wird mit der Streu dem Walde eine bedeutende Menge mineralischer und organischer Nährstoffe entzogen, durch die vermehrte Einwirkung der Atmosphärilien, besonders des Wassers, auf den Boden wird auch die Auswaschung ganz wesentlich vermehrt, durch Entfernung der organischen humusbildenden Stoffe wird auch die sonst durch Humussäure bewirkte weitere Verwitterung und Nährstoffnachschaffung vermindert. [1] Direkt und indirekt muß also die Streuentnahme zu einer Bodenverarmung führen. Die bedenklichste Seite der Streunutzung ist aber der Stickstoffverlust. Nicht nur, daß von allen Nährstoffen bei Streuentnahme die Ausfuhr von Stickstoff am bedeutendsten ist,[2] sondern auch, daß Stickstoff oft der erste Minimumfaktor ist, macht die große Bedeutung aus. Durch den Stickstoffentzug werden aber auch die Pflanzen selbst stickstoffärmer, infolgedessen auch der Abfall und die Streu, und es ist demnach hier eine fortschreitende Kette von Faktoren der Verarmung gegeben. — Die Verminderung

---

[1] Vergl. Bemerkung in Fußnote 1 S. 7.
[2] Ramann, Bodenkunde 1905, S. 363.

der löslichen Salze zugleich mit der mechanischen Wirkung des
fallenden Regens bewirken fortschreitend Bodenverdichtung, die
Krümelung wird zerstört, der bloßgelegte Boden steigert die Wasser-
verdunstung um das zehnfache des bedeckten, was eine Wasserent-
ziehung im allgemeinen und eine Störung der für gute Waldböden
bezeichnenden gleichmäßigen Feuchtigkeit der obersten Bodenschicht
im besonderen bedeutet. Dazu nimmt die Bakterientätigkeit und
das Tierleben im Boden ab, so daß sich durch die Streunutzung
eine fortlaufende Kette aufeinanderfolgender Übelstände und als
Resultat Bodenverarmung ergibt. Nun sind auch hierbei wieder
besonders die Laubhölzer in Mitleidenschaft gezogen. Untersuchungen
haben ergeben, daß beim Laubholz sich eine Streuentnahme viel
früher und viel intensiver fühlbar macht als beim Nadelholz, und
daß in erster Linie beim Laubholz vor allem der Stickstoffmangel
zutage tritt.[1]

Nun ist zwar bekannt, daß eine Streuentnahme nicht unter
allen Umständen schädlich, bei sachgemäßer Ausübung gleichgültig,
ja bei übermäßiger Streuanhäufung und Trockentorfbildung recht
nützlich sein kann, aber alle diese Voraussetzungen waren allermeist
nicht vorhanden. Die Streuentnahme war oft die Hauptnutzung,
der Holzzuwachs die Nebensache, der steigende Bedarf führte zu
fortgesetzter und jährlich wiederkehrender Nutzung und jede solche
muß früher oder später zu einer Erschöpfung des Bodens an
mineralischen Nährstoffen und zu einer ungünstigen physikalischen
Veränderung des Bodens führen.[2] Die traurigen Folgen, die, wenn
überhaupt, nur in längerer Zeit wieder zu beseitigen sein werden,
finden wir denn auch allenthalben in den Waldschilderungen vor
ca. 150 Jahren. Es dürfte überflüssig sein, noch Beispiele dafür
zu bringen. Wo der seltene Fall eintritt, daß trotz Streunutzung
ein Wald- und Bodenrückgang nicht eingetreten ist, hat von Anfang
an eine Regelung der Streuentnahme stattgefunden, um dem Walde
die nötige und nützliche Streudecke zu erhalten, und es war kräftiger
Boden, auf dem sie ausgeübt wurde. (So führt unter dieser Beschränkung z. B. Sieber für die Reußschen Forsten das Beispiel an.)

Streunutzung und Weide waren deshalb so wirksam und
hielten sich so lange trotz wachsender Erkenntnis ihrer Schädlich-

---

[1] Ramann, a. a. O. S. 364.
[2] Ramann, S. 385.

keit für den Wald, weil sie bei dem damaligen Zustande der Landwirtschaft dieser unentbehrlich waren. Und als mehr und mehr
der Wert des Waldes als Holzbestand wuchs, als naturgemäß dann
seine Pflege mit einem Fortbestande einer intensiven Streu- und
Weidenutzung unvereinbar wurde, blieb trotzdem letztere noch lange,
zum Teil bis in die Gegenwart bestehen infolge ihres Charakters
als dingliches Recht. Die Ablösnng dieser Dienstbarkeiten machte
oft die größten Schwierigkeiten. Am frühesten und vollkommensten
ist sie bekanntlich in Sachsen erfolgt. Diese Nutzungen haben infolge dieser ihrer gewissen Zähigkeit sich weit in die Zeit hinein
fortzuerhalten vermocht, in der der Wald ganz anderen Produktions-
zwecken dienen sollte und ihre Schädlichkeit und Unvereinbarkeit
mit einer intensiven Forstwirtschaft schon lange anerkannt war.

Wo Streunutzung und andere Servitute die hauptsächliche
Ursache der Waldverschlechterung war, da wirkte die ledigliche
Ablösung derselben znm Teil Wunder. Ich nenne als ein Beispiel
den nordwestlichen Teil Sachsens,[1]) wo auf dem alten Laubholzboden
eine Laubholznachzucht ausgeschlossen war und schon 3 Jahrzehnte
nach der Ablösung auf besserem Boden wieder zum Eichenanbau
geschritten werden konnte. Das dürften jedoch immer nur Aus-
nahmefälle sein.

Und noch eine weitere nachteilige Folge hat die Ausdehnung
des Ackerbaues und Zurückdrängung des Waldes gehabt, aber nicht
nur dies, sondern auch die fortschreitende Kultivierung des Landes
überhaupt. Es ist eine allgemeine Erfahrung, daß mit steigender
Kultur der Grundwasserspiegel sinkt, und andererseits ist das
Sinken des Grundwasserspiegels als einer der schlimmsten Feinde
der Waldwirtschaft zu bezeichnen. Die Gründe sind verschiedenartige, die Wirkung fast immer dieselbe: Der Boden ist gegen
früher wesentlich trockener geworden. Die Kultivierung des Landes
forderte Trockenlegung von Sümpfen, Mooren, Teichen, Flußkorrek-
tionen wurden vorgenommen, die Anlage großer Wasserwerke für
die rapid wachsenden Städte, auch der Bergbau und nicht zuletzt
auch das über das ganze Land ausgedehnte Grabensystem landwirtschaftlicher Drainage, die nicht nur direkt den angrenzenden
Wäldern die Bodenfeuchtigkeit entzieht, sondern auch indirekt,
indem sie in höher gelegenen Örtlichkeiten das Wasser abfängt,

---

[1]) Deutscher Forstvereinsbericht 1902.

das früher allmählich den tiefer gelegenen Gegenden zuströmte — alles dies hat zum Teil eine plötzliche Senkung des Grundwasserspiegels, zum Teil aber eine allmähliche und durch ihre schleichende Wirkung nur gefährlichere allgemeine Entwässerung des Bodens hervorgerufen. Mit der Tatsache müssen wir rechnen, die Zeugnisse dafür aus allen Gegenden Deutschlands und die verschiedensten Untersuchungen tun es dar. Ich kann mir daher auch hier die Anführung von Beispielen ersparen. Die Wirkung einer örtlichen Tieferlegung offener Grundwasserspiegel oder Entwässerung vermag auf größere Entfernungen zu wirken, als man sich ursprünglich wohl bewußt war, je nach der Beschaffenheit des Bodens, nach Korngröße und Struktur. Gerade in den durchlässigen Sandböden der Ebenen bedeutet es oft eine Drainage der weiteren Umgebung, die sich für den Wald auf große Entfernungen hin äußert.[1] Bedenkt man, daß bezüglich Niederschlägen und Mineralkraft die ebenen Gegenden dem Gebirge gegenüber im Nachteile sind, daß in nährstoffarmem leichtem Sandboden eine entsprechende Feuchtigkeit meist der für das Gedeihen der Holzarten ausschlaggebende Faktor ist, daß die Holzart dieser Gegenden, die Kiefer, weit mehr auf Bodenfrische als auf Luftfeuchtigkeit angewiesen ist, so erhellt, daß die Wirkung dieser allgemeinen Senkung des Grundwasserspiegels in der Ebene weit intensiver sein muß als in den anderen Gegenden.

Dazu kommt eine allgemeine Abnahme der Bodenfeuchtigkeit überhaupt, die ihren Grund hat in der durch Vermehrung des landwirtschaftlichen Geländes bedingten Entwaldung und in der Abnahme des Laubwaldes insbesondere, dem in ausgedehntem Maße erfolgten Anbau des Nadelholzes. Der Nadelwald verdunstet bedeutend mehr Wasser als der sommergrüne Laubwald (EBERMAYER), ja man sagte, mit der Abnahme des Laubwaldes habe die Verminderung der Feuchtigkeit gleichen Schritt gehalten (BARKHAUSEN). Besonders fühlbar wurde dies auch wiederum in der Ebene, wo die Kiefer auch aus Gründen der Rentabilität mehr und mehr das Laubholz verdrängte.

Neben diesen indirekten Ursachen der Verminderung der Bodenfeuchtigkeit kommen noch die ausgedehnten direkten Entwässerungen, die die Forstwirtschaft in den Wäldern selbst aus-

---

[1] RAMANN, a. a. O. S. 251.

übte. Ihr Zweck war zumeist die Beseitigung der Spätfrostgefahr. Daß sie in vielen Fällen zu weit getrieben wurde, dafür fehlt es nicht an Stimmen und Beispielen; die Zweckbestimmung feuchter Örtlichkeiten für die weitere Umgebung als Reservoir wurde oft erst zu spät erkannt und erst die nachteiligen Folgen führten zur wesentlichen Einschränkung derselben in neuerer Zeit und ließen meist eine sachgemäße Bewässerung an ihre Stelle treten.

Wenn wir die unbestrittene Tatsache festhalten, daß ein richtig bemessener Feuchtigkeitsgrad des Bodens einen der wichtigsten Faktoren seiner Produktivität darstellt, und zwar desto mehr, je geringer seine mineralische Kräftigkeit ist, so wird klar, welche mannigfachen Nachteile die Verminderung desselben mit sich bringen mußte. Wo sie weniger auftraten, da glichen andere Umstände den Schaden aus, besonders kommt es auf den mehr oder weniger raschen Fluß des Grundwassers an. Je stärker dieser ist, desto eher findet ein Ersatz statt, desto weniger fühlbar wird der Entzug dem Walde.

Die Folgen äußern sich in einer unter Umständen vollständigen Änderung des örtlichen Klimas, besonders bei Trockenlegung von Sümpfen und Mooren, und damit zusammenhängend in einer Änderung der Holzart. Darauf vor allem wird der Holzartenwechsel in Mecklenburg, der Mark (Fläming), Pommern, im Reichswald u. a. m. zurückgeführt. Früher gedieh der Wald nicht trotz größerer, sondern wegen größerer Feuchtigkeit (Arndt). Die unteren Bodenschichten verdichten sich, tief wurzelnde Holzarten, wie Kiefer, drängen ihre Wurzeln an die Oberfläche (Reichswald)[1]), schädlicher Bodenüberzug, vor allem Heide, macht sich nachteilig fühlbar, eine zunehmende Empfindlichkeit der Jungbestände gegen Oberdruck, vermehrte Schwierigkeit der natürlichen Verjüngung, ungünstiges Verhalten einzelner Holzarten, z. B. Eiche, durch Wipfeldürre, Wasserreiser selbst im vollen Schluß, Vermehrung der unter der Erde lebenden oder sich entwickelnden Insekten u. a. m. sind nur einige Beispiele der Folgen der Änderung der Feuchtigkeitsverhältnisse.

———

Neben diesen mehr oder weniger indirekten, durch Ausdehnung landwirtschaftlicher und sonstiger Kultur hervorgerufenen nachteiligen Beeinflussung der Waldkonstituenten erlitt der Wald selbst durch den Menschen die tiefgreifendsten Veränderungen.

---

[1]) Forstwissenschaftl. Zentralblatt 1895, S. 349 ff.

Nachdem die Ausdehnung der Wälder in ein der übrigen Bodenbenutzung entsprechendes Verhältnis gebracht worden war, bildete die Nutzung der Wälder ohne Sorge für ihre Erhaltung oder Besserung den Hauptgegenstand forstlicher Tätigkeit. Holz war im Überfluß noch vorhanden, es wuchs auch noch genügend nach. Reine Okkupation beherrschte daher lange Zeit die Forstwirtschaft. Der Holzbedarf war ein grosser und steigender. Aufkommende Industrien, Eisenbahnen, Glashütten, vor allem auch der Bergbau verschlangen Unmengen von Holz. Der Bergbau nahm stellenweise den gesamten Holzertrag der Forsten für sich in Anspruch.[1]) Bei diesem hohen Bedarf an Holz wurde auch noch bei seiner Verwendung sehr verschwenderisch umgegangen. Die Nachfrage erstreckte sich ferner gerade auf die wertvolleren Laubhölzer, insbesondere die Eiche, die auch die höchsten Preise erzielte. Die wirtschaftliche Brauchbarkeit einer Holzart führte zu deren Verminderung. Folge war eine starke Übernutzung der Wälder, die einer Raubwirtschaft nahe kam, eine Abnahme der wertvolleren Altholzvorräte.

Dazu kam der Mangel ausreichenden Schutzes des Waldes vor Freveln und Diebstahl, und schließlich taten lange und wüste Kriegszeiten das Ihre zur Verwüstung der Wälder, indem diese entweder von den Kriegführenden niedergeschlagen wurden oder zur Bezahlung der drückenden Kriegslasten herhalten mußten. Wenn andererseits die Kriege durch die Entvölkerung des Landes eine vorübergehende Besserung und Erholung des Waldzustandes brachten, so boten doch die Wälder zumeist ein trauriges Bild und das Gespenst der Holznot schreckte die Gemüter und führte im Laufe der Entwicklung zu einer Sorge für Erhaltung und Verbesserung des Waldzustandes, zu geordneter Nachzucht, zu einer Forstwirtschaft.

Man fand indes nicht nur einen schlechten Waldzustand, sondern als Folge davon auch eine stark gesunkene Bodenkraft allenthalben vor, wenn anders die Ereignisse an abgelegenen Örtlichkeiten nicht spurlos vorübergegangen waren.

Mit der Entwicklung der wirtschaftlichen Einsicht ging die Sorge für einen strafrechtlichen Schutz des Waldes, für eine Besserung des Waldzustandes, für eine sachgemäße Versorgung des

---

[1]) Domin, Das böhmische Erzgebirge und sein Vorland 1905. Archiv für die Naturwissenschaftliche Landesdurchforschung von Böhmen.

Holzmarktes Hand in Hand. Mit dem Beginn einer Forstwirtschaft und Forstwissenschaft überhaupt begann eine neue Epoche für die Wälder.

Die geschilderten Ereignisse stellen einen gewaltsamen Eingriff in die natürlichen Faktoren der Holzartverteilung dar. Die natürliche Wiederverjüngung der Waldbestände, die die von der Natur geschaffene Holzartenverteilung erhalten hätte, war erschwert oder unmöglich geworden. Im allgemeinen herrschte vor der Zeit bewußter Kulturtätigkeit der Grundsatz, daß bei angemessener Behandlung und sorgfältiger Pflege der Waldungen keine oder nur wenig Kulturen nötig seien, da bei entsprechender Schlagführung die Bestockung des Waldes von selbst erfolge. Die zunehmende Verschlechterung des Waldzustandes, der Weidebetrieb, das Sinken des Grundwasserstandes, die vermehrte Neigung zur Trockentorfbildung, die mit Einschränkung des Waldareals und der Äsungsgelegenheiten durch die Landwirtschaft bei noch vorhandener starker Begünstigung der Jagd zunehmenden Wildschäden, Bodenverhagerung und -verwilderung in den verlichteten Beständen und allgemeiner Rückgang der Bodenkraft, auch wohl ortsweise Klimaänderung bezw. -verschlechterung und damit verbundenes Nachlassen der Samenproduktion — alles dies trug dazu bei, die natürliche Verjüngungsfähigkeit der Waldbestände zu vermindern oder aufzuheben. Indem man gleichwohl oft noch an dem alten Verfahren festhielt und lange auf die nichteintretende natürliche Verjüngung wartete, ging die Möglichkeit durch fortschreitende Bodenverhagerung nur noch mehr verloren. Gerade das Laubholz mußte wiederum darunter leiden; je weniger seine Jungwüchse Gedeihen fanden, um so mehr mußte auch auf natürlichem Wege die Konkurrenz der leichtsamigen Nadelhölzer an Feld gewinnen.

Solchen Zuständen sah sich die von Mitte des 18. Jahrhunderts an auflebende Forstwirtschaft gegenüber. Mag diese Entwicklung in den einzelnen Teilen Deutschlands auch zeitlich verschieden sein, je nach der politischen Entwicklung, die Art des Entwicklungsganges ist mehr oder weniger überall dieselbe. Mit der wirtschaftlichen Entwicklung der Einzelstaaten wurde mehr und mehr die Notwendigkeit einer Änderung des überkommenen Zustandes einleuchtend und zwar vor allem in zweifacher Hinsicht: Einmal mußte der wiederauflebenden Angst vor einer Holznot durch Schaffung von Holzvorräten Rechnung getragen werden, was nur durch eine

Verbesserung der heruntergekommenen Waldbestände möglich war, und dann vor allem drängte sich das finanzielle Moment mehr und mehr in den Vordergrund. Die schlechte Finanzlage der Staaten, die Geeignetheit des Waldes als einer sicheren und nachhaltig fließenden Einnahmequelle, schließlich die beginnende Bildung eines Staatsforstbesitzes aus den großen landesherrlichen Waldbesitzungen, alles dies bewirkte ein Überwiegen des finanziellen Momentes in der Beurteilung forstlicher Fragen.

Daß auch nach Beginn der besseren Einsicht eines Forstkulturwesens und dahin zielender Verordnungen und Erlasse oft noch keine entsprechend schnelle Änderung der Verhältnisse eintrat, ist dem Fehlen geeignet und hinreichend vorgebildeter und technisch geschulter Vollzugsbeamten zuzuschreiben. Vor allem in der Begründung von Laubholzbeständen führte Ungeschicklichkeit, mangelnde Erfahrung, und wohl auch der häufige Widerstand der alten fest eingewurzelten hirschgerechten Jägerei gegen die mit der bisherigen Pflege der Jagd oft in Widerspruch stehenden Bestimmungen zu Mißerfolgen, die auch auf Örtlichkeiten, wo eine Laubholzzucht vielleicht möglich gewesen wäre, zum leichtkultivierbaren Nadelholz greifen ließ, ja PFEIL sagt in seiner Weise: „Viele Fichtenpflanzungen und Kiefernsaaten sind nichts als der Schanddeckel, mit dem man die Mißgriffe bei der Nachzucht des Laubholzes zudecken wollte, und zu dem man nur griff, weil man mit dieser nicht fortkonnte".

Die schnellen Fortschritte, die die Forstwirtschaft besonders im 19. Jahrhundert machte, wurden auch durch die erwähnte Tatsache der Staatswaldbildungen insofern begünstigt, als die Staaten nun die Durchführung ihrer Vorschriften auf eigenem Gebiete in Angriff nehmen konnten. Dadurch erlangten die Maßnahmen eine gewisse Einheitlichkeit, die einerseits gut, andererseits auch nachteilig wurden durch die Herausbildung einer Schablonenmäßigkeit.

Alle die erwähnten Einflüsse haben nun im 19. Jahrhundert eine Umwandlung im Walde hervorgerufen, wie in seiner vieltausendjährigen Geschichte es kaum der Fall war. „Es gab wohl kaum eine Zeit, in welcher die Waldungen Zentraleuropas eine so allgemeine und tiefgreifende Bestockungswandlung erfahren haben, als das 19. Jahrhundert. Reicht auch das Vordringen der Nadelhölzer weiter zurück, so beschränkte sich dasselbe doch mehr auf bestimmte Standortsgebiete und auf gleichberechtigtes Auftreten derselben neben oder in Mischung mit der noch viel verbreiteten und noch herrschenden Laubholzbestockung. Von einem mehr weniger ausgesprochenen grundsätzlichen oder zur Übung gewordenen Verdrängen der früheren Bestockung durch das Nadelholz war erst im 19. Jahrhundert die Rede".[1]

Die Verdrängung des Laubholzes durch das Nadelholz hatte natürliche (Wald- und Bodenzustand), betriebstechnische (die Wirtschaftsgrundsätze) und finanzpolitische Gründe (Streben nach höchstem Massen- und Geldertrag).

Gerade der Laubwald litt unter den oben geschilderten Vorgängen besonders — wie oben öfters schon betont. — Seine natürliche Verjüngung war schwierig oder unmöglich, in künstlicher Nachzucht hatte man noch wenig Erfahrung und Erfolg, der physikalische Bodenzustand war zum Teil denkbar ungünstig geworden, die Feuchtigkeitsverhältnisse hatten sich geändert, die Humusverhältnisse neigten zum Ungesunden, dadurch änderten sich die Verwitterungsverhältnisse im Boden, besonders die Stickstoffernährung wurde mangelhaft — alles dieses nahm dem Laubholz seine ihm eigenen günstigen Wachstumsbedingungen. Das Nadelholz dagegen vermochte sich ihnen noch anzupassen. Bei zunehmender Schwierigkeit des allgemeinen Baumlebens erhalten immer die Nadelhölzer das Übergewicht. Der nächste Ausweg war deshalb, den veränderten Zuständen sich anzupassen und zu den genügsameren Holzarten, in Sonderheit dem Nadelholz, beim Anbau zu greifen. Das Nadelholz bildete in dieser Hinsicht einen Helfer in der Not und wurde nach den Zeugnissen aus allen Gegenden zunächst auch lediglich als solcher angesehen. Man wollte durch dasselbe zuerst wieder gesündere Bodenverhältnisse schaffen, um nach Besserung zum Laubholz wieder zurückzukehren. Die allgemeine Raschwüchsigkeit des Nadelholzes versprach außerdem eine möglichst schnelle Erreichung dieses Zieles.

Dazu kam aber nun ein weiterer Umstand, der — wenn auch zunächst noch nicht als solcher erkannt — in verhängnisvoller Weise das Nadelholz willkommen erscheinen ließ. Die vielseitige Brauchbarkeit des Nadelholzes führte zu wachsender Nachfrage nach demselben. Es brauchte wesentlich kürzere Zeit zu seiner Reife als das Laubholz, es versprach wesentlich höhere Massenerträge und wesentlich höhere Ausnützung derselben durch sein hohes

---

[1] Gayer und Mayr, im forstwissenschaftlichen Zentralblatt 1897, S. 21.

Stammholzprozent, es war billig und ohne große Schwierigkeiten zu erziehen, es brachte frühzeitige, im Werte mit der Zeit steigende Vorerträge, es erfüllte die moderne Forderung nach leichtem tragkräftigem Holz, kurz, es war nicht nur notwendig, es gab dazu nichts Rentableres als zum Nadelholz zu greifen. Der Erfolg war denn auch ein entsprechender: der Waldzustand besserte sich zusehends und die Reinerträge stiegen fortdauernd. Dieser Umstand führte naturgemäß zu einer weiteren Ausdehnung des Nadelholzanbaues über das Maß des notwendigen hinaus. Die ursprüngliche Bestimmung des Nadelholzes als Mittel zum Zweck trat mehr und mehr in den Hintergrund und wurde vergessen oder verdunkelt, es wurde zum Selbstzweck, ja zur Manie.

Teils mit dem Fortschreiten des künstlichen Anbaues auf größeren Flächen, teils in der Natur des Nadelholzes begründet, bei dem reine Bestände von Natur vorkommen infolge der häufig Konkurrenten ausschließenden klimatischen Lage ihrer Standorte, teils aus dem Grunde der Übersichtlichkeit und leichteren Einrichtung, sowie größerer Massenerträge, gewann das Streben nach Gleichförmigkeit in der inneren Bestandsverfassung an Boden; an Stelle der Mischung treten reine Bestände, an Stelle eines ungleichaltrigen Plenter- und Mittelwaldes treten gleichaltrige Hochwaldbestände, an Stelle früherer plenterartiger Bewirtschaftung mit natürlicher Verjüngung der Kahlschlagbetrieb mit nachfolgendem künstlichen Anbau, an Stelle des Halbdunkels des plenterwaldartigen Betandes das Volldunkel und Vollicht des Kulturwaldes (MAYR, S. 56). Diese Entwicklung des Forstbetriebes wirkte nun weiter in der begonnenen Richtung ein, indem dadurch einzelne Holzarten, wie besonders wieder die Laubhölzer, die sich sonst, den Bodenverhältnissen angepaßt, eingesprengt in Mischung erhalten hatten, verschwanden. Mit dem Kahlschlagbetrieb, der wiederkehrenden Freilegung des Bodens, der gleichaltrigen Bestandsverfassung war der selbständigen natürlichen Fortexistenz vieler Holzarten ein Ziel gesetzt, so besonders der Buche und Tanne. Die ganze Entwicklung ist eine in sich selbst fortwirkende nach der gleichen Richtung einer Verdrängung des Laubholzes durch das Nadelholz, der anspruchsvolleren durch die genügsameren Holzarten hin.

In auffallender Weise haben die verschiedenartigsten Gründe alle den gleichen Weg gewiesen und zu den gleichen Maßnahmen gedrängt. Nur dadurch war die so gewaltige Umgestaltung des

Waldzustandes in der dafür so kurzen Zeit eines Jahrhunderts möglich. Da aber die Gründe dazu nicht durchweg einen bleibenden Gültigkeitswert in sich tragen und zum Teil aus den augenblicklichen allgemeinen wirtschaftlichen Verhältnissen herausgeboren sind, so kann der geschaffene Zustand auch nicht ohne weiteres die innere Gewähr gerechtfertigten Fortbestandes darbieten, wenn die Verhältnisse, die ihn geschaffen haben, fortschreitend sich ändern. Die ganze Entwicklung des 19. Jahrhunderts hat etwas Gewaltsames an sich, sie ist der Natur durch den menschlichen Willenseinfluß mehr oder weniger aufgezwungen worden. Anfangs berechtigt und begründet, kann ein Festhalten und gewaltsames Beharren in dem Zustande zu unnatürlichen und nachteiligen Verhältnissen führen. Inwieweit das der Fall sein kann, und welche Richtlinien für die Beurteilung gegenwärtiger und zukünftiger Wirtschaft sich daraus ergeben, das zu untersuchen soll unsere nächste Aufgabe sein.

Die Entwicklung in dem Wechsel der Holzarten konnte nach ihren Gründen und Ursachen nur in großen Zügen angedeutet werden; eine eingehende Darstellung würde den Rahmen einer allgemeinen Betrachtung überschreiten und das Material vieler Spezialarbeiten sein. Leider fehlt es überhaupt noch an der Sammlung dieses Materials. Der Umfang und die Einzelheiten des umfassenden Holzartenwechsels der letzten Jahrhunderte sind im allgemeinen noch wenig erforscht und es fehlen statistische Unterlagen für die Vergangenheit, obwohl die Kenntnis hiervon vielfach auch für eine richtige Beurteilung der gegenwärtigen Wirtschaftsweise, ihrer Berechtigung und mutmaßlichen Erfolge von großer Bedeutung sein kann. Das Entstehen von Spezialarbeiten in dieser Richtung ist daher sehr zu wünschen, wie sie für das rechtsrheinische Bayern z. B. vorliegen in einer Dissertationsschrift als Folge einer von der Münchener Universität gestellten Preisaufgabe.[1]

---

[1] Voit, Geschichtliche Darstellung des Einflusses der künstlichen Verjüngung auf die Verbreitung der Holzarten im Königreiche Bayern. München 1908.

II. Prüfung des Fruchtwechsels.

Vom Standpunkt der Holzversorgung.

Wir haben gesehen, daß ein Wechsel in der Waldzusammensetzung, ein Fruchtwechsel schlechthin, in der Geschichte des Waldes und der Forstwirtschaft stattgefunden hat, von Natur selbst und als Folge der kulturellen und wirtschaftlichen Tätigkeit des Menschen. Es drängen sich nun folgende Fragen auf:

Ist der durch die Verhältnisse geschaffene Zustand unserer Wälder bezüglich der Holzartzusammensetzung und -verteilung ein solcher, daß es wünschenswert ist, ihn in Zukunft beizubehalten? Wenn nein, in welcher Weise soll er geändert werden? Insbesondere ist es nötig, aus wirtschaftlichen und bodenkundlichen Rücksichten mit den Holzarten zu wechseln?

In welcher Weise hat dieser Wechsel zu erfolgen? Wo ein Fruchtwechsel nicht möglich oder nicht vorteilhaft, welche andere Maßnahmen können an seine Stelle treten, um den Zweck, den er anderswo verfolgt, zu erfüllen, und sind sie dazu imstande?

Je mehr die Forstwirtschaft den Charakter einer reinen Okkupationswirtschaft verlor, und je größer die wirtschaftlichen Ansprüche wurden, die an den Wald gestellt wurden, und in dem Maße, als das von Natur geschenkte Holzvorratskapital abgenutzt und aufgebraucht wurde, in dem Maße wurde die Wahl der anzubauenden Holzart wichtig. Die Schaffung eines in seiner Zusammensetzung den Ansprüchen gesteigerter Wirtschaftsintensität entsprechenden Holzvorratskapitals und seine nachhaltige Nutzung wurde das Ziel der Wirtschaft.

Die Wahl der Holzart wird nun beeinflußt einmal durch die Gebrauchsfähigkeit der Holzart und dann durch die Fähigkeit des Bodens, die betreffende Holzart jeweilig in bester Qualität zu erzeugen.

Die Gebrauchsfähigkeit einer Holzart hängt ab von der Nachfrage nach derselben, kann also keine sich gleichbleibende sein, sondern muß sich nach der wechselnden Nachfrage in einzelnen

Wirtschafts- und Kulturperioden ändern. Durch das weite zeitliche Auseinanderliegen von Saat und Ernte kann aber einer sich ändernden Nachfrage erst nach längerer Zeit Rechnung getragen werden, und die Möglichkeit ist gegeben, daß zur Zeit der Ernte die Nachfrage sich wieder geändert hat. Diese Änderungen pflegen nun aber gemeinhin nicht so schnelle zu sein, daß dann die erntereifen Bestände eine direkt ungesuchte Ware wären; man könnte sagen, Holz bleibt immer Holz, wenn auch Eiche den Schleifholzbedarf, Fichte den Faßdaubenbedarf usw. nicht zu befriedigen vermögen. Gleichwohl liegt aber darin die Forderung für die Forstwirtschaft nach einer gewissen Vielseitigkeit in dem Warenangebot begründet, um kommender Nachfrage in etwas immer gerecht zu werden, und die gegenüber einer einseitigen Reinertragswirtschaft oft gehörte Äußerung: wir dürfen nicht alles auf eine Karte setzen, sondern müssen einer späteren Generation, deren wirtschaftliche Verhältnisse und Bedürfnisse wir nicht kennen können, Material hinterlassen, dessen sie vielleicht notwendig bedarf. Darin liegt neben der Schwerfälligkeit der Forstwirtschaft der Grund zu ihrer notwendig konservativen Tendenz. Gerade die Mannigfaltigkeit der Kulturgewächse gewährt einer Wirtschaft die genügende Sicherheit, und die Verantwortlichkeit, die in bezug auf die Fürsorge für die Erhaltung der heimischen Holzarten — vor allem der Laubhölzer — innerhalb ihres natürlichen Verbreitungsgebietes auf der gegenwärtigen Generation lastet, ist tatsächlich eine große. Die Forderung, der Nachwelt möglichst vielseitig verwertbares Material zu hinterlassen, hat aber im Laufe der Zeit Modifikationen erfahren; sie hat mit der gewaltigen Entwicklung von Handel und Verkehr eine Verallgemeinerung erfahren. Wie die moderne Volkswirtschaft auf einer großzügigen sich immer weiter ausbildenden Arbeitsteilung beruht, wie dadurch die einzelnen Länder und Staaten, die für ihre Verhältnisse passenden Industrien, darunter also auch die holzverwertenden Industrien einseitig zu immer größerer Leistungsfähigkeit ausbilden können, wie dadurch auch der Holzverbrauch in den einzelnen Ländern eine starke Differenzierung erfährt, so kann die Forderung einer allseitigen Versorgung des eigenen Landes mit Rohprodukten auch nicht aufrecht erhalten werden und darum tritt auch in der quantitativen und qualitativen Holzversorgung mehr und mehr eine internationale Arbeitsteilung zutage. Die einzelnen Länder sind nicht genötigt, um jeden Preis für die Stetigkeit der

Holzversorgung zu sorgen, sondern sie können die ihren Bodenverhältnissen am besten entsprechenden Holzarten für den Weltmarkt erziehen. — Das erleidet aber einige Einschränkungen, einmal durch die Schwerfälligkeit des Holzes als Handelsware bezüglich seiner Transportfähigkeit, und dann durch die Forderungen einer nationalen Wirtschaft. Die weniger wertvollen Holzarten, die keinen weiten Transport vertragen, müssen daher möglichst im eigenen Lande erzogen werden und die Rätlichkeit einer gewissen nationalen Selbständigkeit der Wirtschaft fordert gleichwohl möglichste Deckung der Nachfrage im eigenen Lande, ebenso wie kleinere Lokalindustrien hauptsächlich auf die örtliche Bedarfsdeckung angewiesen bleiben werden. Zugleich ist es im Sinne der Finanzwirtschaft gelegen, daß die Wirtschaft die gesuchte und darum bestbezahlte Holzart selbst anbaut. Der Wald soll außer als Rohproduzent vor allem auch als Einnahmequelle dienen.

Während also vom Standpunkt der Holzversorgung des Landes an sich kein Anlaß zu einem Holzartenwechsel je nach der Nachfrage gegeben ist, so trägt das Streben nach größtmöglichen Geldreinerträgen durch den Anbau der jeweilig rentabelsten Holzart die Veranlassung zu verschiedentlichem Holzartenwechsel in sich. Gerade strenge Reinerträgler müßten bei jeder Änderung der Absatzverhältnisse, der Nachfrage, auch einen Wechsel der Holzart eintreten lassen. Praktisch können aber natürlich nur solche Verhältnisse in Frage kommen, die dauernde Änderungen bedingen. Vom rein finanziellen Standpunkt ist das vollkommen gerechtfertigt. Nun ist aber in der Forstwirtschaft gemäß ihres Charakters die Spekulation ein zweischneidiges Schwert. Die Umstände haben zu einer Verminderung des Laubholzes geführt. Das Laubholz ist aber nicht in gleicher Weise technisch und wirtschaftlich entbehrlich geworden als seine Bestände abgenommen haben. Nicht nur, daß mit der Verringerung des Laubholzes sein Preis steigt, so daß sein Anbau wieder lohnender wird, so haben sich auch vielfach neue Verwertungsarten für Laubholz gefunden, die die Nachfrage darnach beleben. Das einmal fast wertlos gewordene Buchenholz hat damals nicht zu ahnende Gebrauchsfähigkeiten gewonnen, und aus Handwerkerkreisen kommen immer lebhaftere Klagen über das mangelnde Angebot edler Laubhölzer;[1] ebenso sind die Weichhölzer zum Teil

---

[1] Sächsischer Forstverein 1906.

begehrter geworden. Gleichwohl führt aber vermehrte Gebrauchsfähigkeit noch nicht zu Holzartenwechsel, wenn die Erziehung noch unrentabel vom Standpunkt der Verzinsung ist. Die wachsende Betonung finanzieller Gesichtspunkte im 19. Jahrhundert hat andererseits zu der bekannten Ausdehnung des Nadelholzanbaues, besonders der Kiefer und Fichte, beigetragen. Die Brauchbarkeit einer Holzart führte im Gegensatz zu früher zu deren Vermehrung. Es ist ein großartiger Fruchtwechsel, der sich daraus in Deutschland vollzogen hat. In der Form, wie er sich vollzogen hat, hat er manche Nachteile im Gefolge gehabt. Ebenfalls aus Rentabilitätsgründen entstanden reine gleichaltrige Bestände, die Kalamitäten durch Insekten, Pilze, Elementargewalten den Weg ebneten. Und wie meist eine Entwicklung zunächst in Extreme geht, so vollzog sich auch hier der Fruchtwechsel häufig über die Grenze des Zulässigen hinaus. Das wird jetzt allenthalben zugegeben, auch in dem Lande, in dem diese Entwicklung am meisten natürlich begründet war, in Sachsen, mit seinen meist vorzüglichen Standorten, zum größten Teil natürlichen Standortsgebieten für Fichte, einer heimischen stark nadelholzkonsumierenden Industrie usw. Die entstandenen Nachteile — immer zunächst ohne Berücksichtigung des Bodens — sind aber zu schwächen durch Maßnahmen der Betriebseinrichtungen (schmale Schläge, Hiebsfolge, gute Bestandslagerung) oder durch die sich immer mehr vervollkommnenden Mittel des Forstschutzes.

Vom Standpunkt der Bodenstatik.

Das Ziel einer modernen Forstwirtschaft muß aber sein: Die nachhaltige Erziehung möglichst vielen und hochwertigen Holzes, die nur gewahrt wird bei dauernder Erhaltung und Mehrung der Produktionsfähigkeit des Bodens. Die finanziellen Maßnahmen dürfen nur auf Grund der Statik der Bodenkraft erfolgen. Die ganze Beurteilung des Holzartenwechsels spitzt sich nach dieser Richtung hin zu. Die Rücksicht auf die Nachhaltigkeit der forstlichen Bodenkraft ist erst geboren mit der modernen Forstwirtschaft, und zwar durch die Entwicklung der Verhältnisse zum ungünstigen. Der Holzartenwechsel, vornehmlich des 19. Jahrhunderts, ist einerseits, wie wir gesehen haben, eine Folge der Veränderungen in der Produktionskraft des Bodens, andererseits ist der Bodenrückgang eine Folge dieses Holzartenwechsels. Die Tatsache eines Bodenrückganges im Walde wird nicht mehr geleugnet. Aus allen Waldgebieten Deutschlands wird er gemeldet. Wir müssen hierbei, der Bedeutung für unsere Frage halber, eingehender verweilen.

Welche Erscheinungen lassen uns berechtigterweise von einem Bodenrückgang sprechen? Dabei ist nun von vornherein bedauerlicherweise festzustellen, daß wir absolute Sicherheit über die Ernährungsfrage der Holzarten trotz der zahlreichen eingehenden Untersuchungen und gewonnenen wertvollen Resultate noch nicht haben gewinnen können. Wohl ist, wie gesagt, der Bodenrückgang vielfach Tatsache, eine sichere Erklärung für alle Fälle haben wir aber noch nicht, da es wahrscheinlich ein Zusammenwirken und Ineinandergreifen der mannigfachsten Faktoren ist, die unter den verschiedenen Verhältnissen ganz verschieden wirken. Die Lehre von der Bodenerkrankung gibt oft den Übelständen erst Namen und ist von ihrer Erklärung bezw. Heilung zum Teil noch weit entfernt. Trotz der Unsicherheit, die nur mit einer gewissen Resignation an diese Frage herantreten läßt, mögen einige Ansichten, die uns besonders beachtenswert und für unsere Frage von Bedeutung erscheinen, erwähnt werden.

Bei der Beurteilung der Bodenkraft sind drei Faktoren von besonderer Wichtigkeit: Die physikalischen Eigenschaften, insbesondere die Bodenfrische, die mineralischen Nährstoffe und die Humusverhältnisse.

Dasjenige, was in der Ernährungsfrage dem Walde seine Sonderstellung gegenüber der Landwirtschaft verschafft, sind seine Humusverhältnisse. Gesunde Humusverhältnisse erhalten den Wald im Gleichgewicht, umgekehrt bringen ungesunde Humusverhältnisse mit der Störung dieses Gleichgewichtes Verschlechterung und Rückgang der Waldbodenkraft. Sie beeinflussen auch die übrigen Faktoren der Bodenproduktivität, wie Bodenfrische und Mineralstoffgehalt in überragendem Maße, so daß sie uns als Maßstab in der Beurteilung der Wandlungen des Waldbodens zu dienen geeignet erscheinen. Diese ihre Bedeutung ist ja in der Neuzeit mehr und mehr erkannt worden und ihrer Erforschung hat sich die Wissenschaft in steigendem Maße zugewandt. Ja, die Humusfrage gibt gleichsam eine Fortsetzung der Liebigschen Forschungen in bezug auf die Forstwirtschaft. — In den verschiedenen Zeiten hat kaum etwas eine so verschiedenartige Auffassung erfahren, wie die Bedeutung des Humus. Die vollständige Verkennung und Mißachtung von Streu und Humus führte die traurigen Bilder durch Streunutzung heruntergebrachter Böden vor Augen, und das zeitigte wiederum eine übertriebene Wertschätzung derselben: „Humus" ist das ein und alles, gleichviel in welcher Form und welcher Menge, wie es vor allem bei Pfeil zutage tritt: bis die Schädigungen der übermächtigen Streu- und Humusmassen und Ausbildung ungünstiger Formen derselben unser Urteil auf eine mittlere Linie gerechter Würdigung abstimmten. Gerade für das deutsche Waldgebiet ist das wichtig, denn die Bedeutung der Humusverhältnisse steigt von den warmen zu den kalten, von den ariden nach den humiden Gebieten.[1] In kalten Gegenden ist die Pflanze überwiegend auf die Humussubstanzen, als die oft einzigen Träger der Pflanzennährstoffe, angewiesen. Die Ernährungsfrage der Waldbäume ist innig mit der Humusfrage verbunden.

Die durch die Waldbäume aus Boden und Luft aufgenommenen Nährstoffe werden bei Laubholz nur zu $10\,^0/_0$, bei Nadelholz und Erle, Akazie nur zu 15—$30\,^0/_0$[2] im Holzkörper festgelegt, gehen also durch die Holznutzung verloren, während $90\,^0/_0$ bezw. 70—$85\,^0/_0$ sich in Form der Streu auf dem Boden ablagern. Durch Zersetzung der letzteren gelangen sie wieder in für die Pflanzen aufnehmbarer Form in den Boden und können ihren Kreislauf von neuem beginnen. Da der Entzug durch die Holzernte ein so geringer ist und da nicht nur die dem Boden entnommenen, sondern auch die aus der Luft stammenden Nährstoffe so dem Boden zugute kommen, so müßte eigentlich unter normalen Verhältnissen nicht eine Erschöpfung des Bodens stattfinden, sondern unter Umständen sogar eine Bereicherung desselben an Nährstoffen eintreten. Dem wirken aber zwei Umstände entgegen: Einmal die Auswaschung bezw. Auslaugung und Fortführung der Nährstoffe durch die Sickerwässer und dann die unproduktive Aufspeicherung derselben in Streu bezw. Humus bei unvollständiger Zersetzung derselben.

Wenden wir uns zunächst der letzteren zu. Unter gesunden Verhältnissen zersetzt sich der Abfall in zwei bis drei Jahren.[3] Die Zersetzung ist gebunden an eine gewisse Temperatur, an eine

---

[1] Ramann, a. a. O. S. 152.
[2] Ramann in Zeitschr. für Forst- und Jagdwesen 1883.
[3] Ramann, a. a. O. S. 275.

genügende Menge Wasser, Sauerstoff und gewisse mineralische Salze. In gesunden Verhältnissen und auf gutem Boden deckt daher nur eine dünne Streudecke den Boden, die eben im Begriff ist, vollständig zu verwesen. Sie schafft jene gesunden Bodenverhältnisse, wo der Boden bedeckt ist, trotzdem die atmosphärischen Niederschläge in den Boden dringen können, durch dieselben und die Kohlensäurewirkung der Verwesung, wie durch die Bodentiere ein lockerer krümeliger Zustand des Bodens vorherrscht, der eine gute Durchlüftung gewährleistet, wodurch sowohl eine weitere Aufschließung des unverwitterten Mineralbodens als die Bildung aufnehmbarer Stickstoffverbindungen ermöglicht wird, sei es durch Absorption, sei es durch Zersetzung der in der Streu gelieferten organischen Nährstoffe. Daß die Streu außerdem selbst den freien Stickstoff der Atmosphäre zu absorbieren vermag, kann wohl nach den ersten Nachweisen von HENRY nicht mehr bezweifelt werden. Der Zustand des Bodens bei schneller und vollständiger Streuzersetzung wird mit „Bodengare" bezeichnet. Die Zwischenbildungen, gemeinhin als Humus bezeichnet, sind also ein nicht notwendiges, ja schädliches Glied in den Umwandlungen. Wenn schon GAYER, EBERMAYER und RAMANN in diesem Sinne gelehrt haben, ist es besonders auch das Verdienst des Forstmeisters WEINKAUFF, es direkt ausgesprochen zu haben. Wenn auch viel angegriffen und geschmäht, konnten seine Ausführungen doch keine ernstlichen Gegenbeweise zeitigen und sie erscheinen uns der weitestgehenden Beachtung wert, so daß wir uns vielfach auf sie beziehen bezw. uns in unseren Betrachtungen darnach richten werden.

Die größte Bedeutung gesunder Humusverhältnisse — um damit einen gewissen Sammelbegriff der Gesamterscheinungen zu bezeichnen — wird ihnen bezüglich ihrer Wirkung auf den physikalischen Zustand des Bodens beigelegt; doch es scheint auch ihre Bedeutung bezüglich der Statik der Nahrungsmittel, insbesondere der Stickstoffversorgung, eine nicht minder große zu sein. Alle von dem oben geschilderten Vorgang abweichenden Erscheinungen — in der langen Kette von den ersten Humusbildungen bis zu den mehrere Dezimeter starken sauren Trockentorfschichten — tragen einen Kern von Ungesundem in sich. Die Anhäufung der Abfälle auf dem Waldboden, sei es nun in Form von unzersetzter, halb zersetzter, halb zersetzter versponnener und verwurzelter Streureste oder von strukturlosem braunen oder schwarzen Humus (nach WEIN-

KAUFF), ruft je nach den einzelnen Graden der Zersetzung und der Anhäufung ungesunde Erscheinungen hervor. Sie können natürlich im Rahmen der Arbeit nicht eingehend gewürdigt werden und müssen als bekannt vorausgesetzt werden, und ich beschränke mich nur auf Hervorhebung des Wichtigen.

Zunächst sind im Humus alle die Nährstoffe in mehr oder minder gebundener Form festgelegt, die unter normalen Verhältnissen die so bedeutende Rolle des Nährstoffrückersatzes spielen. Insbesondere findet eine Stickstoffanreicherung in sehr widerstandsfähigen Verbindungen statt. Die dabei eintretende und wahrscheinlich dadurch begünstigte Fadenpilzbildung scheint einen großen Teil dieses Stickstoffs an sich zu ziehen befähigt zu sein, so daß dieser überhaupt für die Bäume verloren geht, dadurch wird aber wiederum die Streuzersetzung ungünstig beeinflußt. Nach WOLLNY verwest halb zersetzte Streu viel schwieriger. Überhaupt haben wir nach einmaligem Eintritt ungünstiger Bildungen eine in sich fortwirkende Verschlechterung der Verhältnisse. Die Streu- und Humusdecke wird durch die Fadenpilzwirkung zu einem dichten verfilzten Geflecht, das den Boden ganz für atmosphärische Niederschläge abzuschließen vermag, das Porenvolumen, damit die Durchlüftung, wird vermindert und so auch die Stickstoffquelle durch Absorption des Bodens verschlossen; eine Folge des Luft- und Wassermangels ist weiter ein verringerter Aufschluß des unverwitterten Bodens. Der dadurch eintretende Mineralstoffmangel wird noch erhöht durch die auslaugende Wirkung der Humussäuren,[1] die ihrerseits wieder sowohl das Tierleben des Bodens vernichten, als auch schließlich jede weitere Verwesung neu hinzukommender Streu zum Stillstand bringen, womit dann der schlimmste Grad der Bodenerkrankung erreicht ist. Die Ansiedlung einer Humusflora, wie Farn, Beerkräuter, Heide u. a., die ihrerseits wieder eine zum Teil äußerst schwer zersetzbare Streu liefern, vermehren das Übel.

Zu allererst müssen nun die Bäume an Stickstoff Mangel leiden, was verminderte Wuchsfreudigkeit zur Folge hat, auch wenn noch keine andere Ursache dafür in einem veränderten Bodenzustand aufzufinden ist, als die beginnende Humusbildung. Das ist der

---

[1] Nach den neueren Forschungsergebnissen sind es keine Säurewirkungen, sondern die Wirkungen der absorptiv ungesättigten Humuskolloide, die sich in ähnlicher Richtung äußern (RAMANN). Vergl. Bemerkung 1, S. 7.

vielfach nicht bemerkte Anfang in der Kette von Übeln. Bei Stickstoffmangel und dazu dem Mangel an aufnehmbaren Mineralstoffen
muß aber auch der Abfall aschen- und stickstoffärmer werden und
als solcher wieder der Zersetzung und Verwesung größeren Widerstand bieten.

Es ist nun natürlich, daß ein solcher Bodenrückgang sich im
Rückgang des Bestandes am frühesten auf armen, besonders sandigen
Böden zeigen muß, auf denen am ehesten eine Stickstoffminimumwirkung und Mangel an mineralischen Nährstoffen eintreten muß,
die jedenfalls am ehesten in einen labilen Gleichgewichtszustand
kommen werden. Dazu sei daran erinnert, daß heutzutage der
Wald meist auf die ärmeren Böden zurückgedrängt ist. Nehmen
wir dazu noch die oben erwähnten Tatsachen der allgemeinen Abnahme der Bodenfrische, die wieder gefördert wird durch die
Wirkung von Trockentorfschichten, dann aber auch durch oft zu
weit getriebene forstliche Entwässerungen, dazu die wenn auch nur
allmählich fortschreitende Auswaschung der deutschen Böden, so ist
bei den nun in Wirklichkeit immer ungünstiger sich gestaltenden
Humusverhältnissen die Tendenz eines allgemeinen Bodenrückganges
einleuchtend, besonders in der Ebene, in dem Grade, als diese sich
bezüglich Nährstoffreichtums und Bodenfrische dem Gebirge gegenüber im Nachteile befindet, zumal da diese Tendenz durch die Tätigkeit des Menschen bezüglich Holzartenwechsel und Wirtschaftsformen unterstützt wird.

Verhalten der Holzarten im allgemeinen.

Da die verschiedenen Holzarten ein ganz verschiedenes ihnen
eigenes Verhalten in bezug auf Menge und Art, Schnelligkeit und
Leichtigkeit der Verwesung der erzeugten Streu zeigen, so ist es
klar, daß bei der geschilderten großen Bedeutung der Humusverhältnisse der Holzart selbst ein bestimmender Einfluß auf die Bodentätigkeit zufällt. Einmal ist ihr Verhalten bei den gegebenen
jeweiligen Bodenzuständen ein charakteristisch verschiedenes und
sodann schaffen sie selbst einen ihnen eigentümlichen Bodenzustand.[1])

---

[1]) Nach den letzten Forschungsergebnissen (RAMANN) sind die Humus-
stoffe aufzufassen als Kolloidkomplexe wahrscheinlich sehr verschiedener
Zusammensetzung, die aus unveränderten Kolloiden der ursprünglichen
Pflanzensubstanz mit kohlenstoffreichen Zersetzungsprodukten bestehen,

Die Streumenge zunächst ist abhängig von den Holzarten. Ramann stellt die Reihe auf: Buche, Fichte, Eiche, Kiefer, letztere als die mit geringster Streumenge zugleich die am wenigsten sauren Humus erzeugende (vergl. Bemerkung S. 46). Danach hat man die Holzarten eingeteilt in „Humusbildner" und „Humuszehrer"; zu ersteren rechnet Erdmann Weimutskiefer, Buche, Fichte, zu letzteren Tanne, Eiche, Kiefer, Birke. Es ist ferner natürlich, daß die geringen Bonitäten auch geringere Streumengen liefern. Weinkauff nennt aus den württembergischen Buchenuntersuchungen für Buche folgendes Verhältnis: I., II., III., IV., V. Bonität $= 5 : 3,5 : 2,5 : 2 : 1$. Die Standortsgüte für die betreffende Holzart wirkt aber vor allem auch auf die Zersetzungsfähigkeit der Streu. Je standortsgemäßer die Holzart, desto schneller erfolgt die Streuzersetzung und wird eine Humusansammlung vermieden. Je geringer der Standort, um so mehr neigt jede Holzart zur Humusansammlung. Das Gesetz: eine Holzart ist im konkreten Falle um so standortsgemäßer, je später und je weniger, um so ungeeigneter, je früher und je mehr Oberflächenhumus sie erzeugt, ist wohl unbestritten. Es sei nochmals erwähnt zur Vermeidung begrifflicher Unklarheiten und Irrtümer, daß wir der Weinkauffschen Meinung von der absoluten inneren Schädlichkeit des Humus in unseren Ausführungen folgen. (Daß dabei natürlich immer Oberflächenhumus gemeint ist und nicht der unter allen Umständen nützliche Bodenhumus, ergibt sich ja eigentlich von selbst.)

Ebenso wie die Bonität wirkt aber auch das Bestandsalter. Jede Holzart hat ihr eigenes Gesetz bezüglich des Eintrittes der Humusbildung je nach Bonität und Alter. In Jungorten ist meist die Streuzersetzung eine normale, die Humusansammlung nimmt mit dem Alter des Bestandes je nach der Bonität schneller oder langsamer zu durch gesetzmäßiges Sinken des Alkalienbedarfs, auf mittleren und geringeren Bonitäten im Laufe des Stangenholzalters. Von Wichtigkeit ist nun, ob die sich im Laufe des Bestandsalters bildenden Humusansammlungen wieder verschwinden können oder nicht. Ist das erstere der Fall, so kann weiter keine Gefahr für die Bodenkraft entstehen; die Humusmassen sind entweder so gering

---

nicht als chemisch gleichartige Stoffe. Dadurch gewinnt der Unterschied des Humus verschiedener Pflanzenarten in bezug auf seinen Einfluß auf Boden und Vegetation erhöhte Bedeutung.

oder wenig ungesund, daß sie bei der Verjüngung des Bestandes durch die Lichtstellung verschwinden, oder sie werden schlimmstenfalles von der nachfolgenden jungen Generation aufgezehrt. Aber auch diese wieder verschwindende Humusansammlung wird im Bestande eine Stickstoffminimumwirkung hervorrufen können, die den laufenden Zuwachs beeinflußt, wenn auch vielleicht in wenig merklicher Weise. Werden aber, je nach Holzart, besonders im Laufe einer langen Umtriebszeit die Bildungen so stark, daß sie auch von den folgenden Jungbeständen nicht ganz zerstört zu werden vermögen, so muß dieser Dauerhumus einen fortschreitenden Rückgang des Bodens selbst zur Folge haben mit den verschiedenen genannten Erscheinungen. Alle flach wurzelnden Holzarten nun neigen am meisten zur Bildung von Dauerhumus, unter ihnen besonders die Fichte; die Nadelhölzer im allgemeinen durch schwerere Zersetzbarkeit der harzreichen Nadeln mehr als die Laubhölzer. — Die Bildung von Dauerhumus wirkt umgekehrt in bedeutendem Maße zurück auf die Holzart. Die gleiche Holzart erzeugt dann immer wieder den ihr eigentümlichen, sich als schädlich erweisenden Humus und wird schließlich unter seiner dauernden Einwirkung kümmern und endlich verschwinden müssen, und von diesem Gesichtspunkt aus wird die alte Ansicht — vor allem seinerzeit von Pfeil allen Anregungen zu einem Fruchtwechsel entgegengehalten, — daß jede Holzart sich in ihrem eigenen Humus am wohlsten fühle und am besten gedeihe, widerlegt.

Außer durch die charakteristische Eigenart der Holzart wird aber die Dauerhumusbildung durch alle die Umstände gefördert, die die Verwesung an sich ungünstig gestalten. Es sind dies vor allem ungünstige Feuchtigkeits-, Wärme- und Lichtverhältnisse, wie auch ein mangelhaftes Nährstoffkapital.

Unsere modernen Betriebsformen des geschlossenen gleichaltrigen Hochwaldes und seine Behandlung in mehr oder weniger ausgesprochenem Lichtungsbetrieb stellen aber an das Nährstoffkapital des Bodens ganz wesentlich erhöhte Anforderungen als die alten plenterwaldartigen Formen. Die Böden, die daher für die betreffende Holzart gerade an der Grenze ihrer Leistungsfähigkeit standen, also gerade noch im Gleichgewicht sich erhielten, müssen beim Übergang zum Hochwald und intensiver Durchforstung und Lichtungsbetrieb und damit zusammenhängender Umtriebsherabsetzung einen Nährstoffmangel aufweisen. Das wird zuerst natürlich wieder auf ärmeren Standorten in Erscheinung treten, dann aber auch auf solchen, die eine anspruchsvollere Holzart gerade noch zu tragen vermochten. Dieser Nährstoffmangel braucht sich zunächst noch gar nicht in einem Zuwachsrückgang zu äußern, auf Bildung von Dauerhumus ist er aber sicher von Einfluß. — Im gleichaltrigen Hochwald ist zwischen dem hoch erhobenen Kronendach und dem Boden ein großer freier Raum geschaffen, so daß durch die ermöglichte größere Luftzirkulation die gleichmäßige Feuchtigkeit des Waldbodens gestört wird. Von dieser hängt aber ebenfalls eine günstige Streuzersetzung ab.

Der Übergang von gemischten Beständen zu reinen, aus einer entweder Licht- oder Schattenholzart bestehenden Beständen hat weiter zur Folge, daß bei reinen Schattenholzbeständen die erwähnte Hochrückung des Kronendaches, bei reinen Lichtholzbeständen der größere Lichteinfall ungünstig auf die Feuchtigkeit der oberen Bodenschicht einwirken, zumal da dabei auf die Erhaltung des Unterholzes und Nebenbestandes zuerst kein Wert gelegt wurde. Der Boden ist auch den das Kronendach durchdringenden Niederschlägen unmittelbar ausgesetzt, und dadurch wird, wenn auch nicht immer eine direkte Verdichtung des Bodens, so doch eine verhältnismäßig leichtere Auswaschung desselben hervorgerufen. — Vor allem aber hat die periodisch wiederkehrende Freilegung des Bodens, wie sie durch den mit Übergang zu gleichaltrigen Hochwaldformen verbundenen Kahlschlag stattfindet, den ungünstigsten Einfluß auf die Humusverhältnisse. Der Einfluß von Wind und Sonne, von Niederschlägen und der sich sofort einstellenden Schlagflora bewirkt entweder eine schnelle Verflüchtigung des Humus oder eine Umwandlung in ungünstigste Formen (kohliger Humus), in welchen beiden Fällen sein Nährwert für den Bestand, vor allem sein Stickstoffgehalt für das Pflanzenwachstum verloren geht. Die übrigen Folgeerscheinungen, wie Auswaschung, Bodenverdichtung usw., sind ja bekannt.

Diese gewaltigen Veränderungen müssen natürlich besonders den Holzarten nachteilig werden, die sich bezüglich ihrer Ernährung schon in einem labilen Gleichgewichtszustand befanden, wie auch besonders denen, die an sich schon zu ungesunderer Gestaltung der Humusverhältnisse neigen.

Gleichwohl bestimmten häufig die im Vordergrund stehenden finanziellen Erwägungen zu einem Festhalten an der Nachfolge derselben Holzart, wodurch Geld-, Zeit- und sonstige Verluste durch Mißerfolge trotz ausgleichender Maßnahmen der Bodenbearbeitung, des Bodenschutzes usw. nicht ausblieben.

Wie haben sich nun diese Verhältnisse im einzelnen entwickelt und gestaltet?

Verhalten der Holzarten im besonderen.
Die Buche.

Die Buche ist infolge ihrer Zähigkeit und ihres Schatten- erträgnisses, sowie ihrer dichten Belaubung dazu geschaffen, über die anderen Holzarten den Sieg im Konkurrenzkampfe davonzutragen und zur endlichen natürlichen und dauernden Beherrscherin (NB. neben Fichte bezw. Tanne) der Waldvegetation zu werden, wenn ihr der Standort nur einigermaßen zusagt, an den sie allerdings nicht geringe Ansprüche stellt, und wenn der Mensch nicht durch irgendwelche Maßnahmen hindernd in diese natürliche Entwicklung eingreift. Gerade in Deutschland (mit Ausnahme des äußersten Ostens) gehört sie darum zu den verbreitetsten waldbildenden Holz- arten und genoß in der Zeit des starken und steigenden Brennholz- bedarfs allgemeine Wertschätzung. Wenn nicht außerordentliche, die Bodenverhältnisse verändernde Ereignisse eintreten, wird die Buche in dem natürlichen Wechsel der Holzarten (S. 18 ff.) zuletzt das Feld dauernd behaupten können und einen weiteren Holzarten- wechsel ausschließen. Selbst wenn dieser durch irgendwelche Natur- ereignisse nach Vernichtung der Buche wieder einsetzen sollte, wird sie wieder das letzte Glied bilden, wenn keine sonstigen Verschie- bungen in den Standortsverhältnissen (Klima und Boden) eintreten. — Ihr reichlicher Laubabfall ist entsprechend ihres erheblichen Nährstoffbedarfs sehr aschereich. Die Zersetzung desselben vermag daher dem Boden ein reiches Nährstoffkapital wieder zuzuführen und daher die obere Bodenkrume zu bereichern, ebenso wie die mit dem Gehalt an Mineralsalzen wachsende Umsetzung des Stickstoff- kapitals und die übrigen mit einer regen Bodentätigkeit verbundenen Wirkungen auf den physikalischen Bodenzustand zu fördern, welch letzterer des weiteren erheblich günstig beeinflußt wird durch die durch das kräftige, seitlich weit ausstreichende Wurzelsystem er- höhte Durchlüftung des Bodens. Alle diese Umstände machen sie zu einer „bodenbessernden" Holzart, wie kaum eine andere, zugleich haben sie aber zu einer einseitigen Überschätzung der Buchenwirkung geführt. So groß ihre Vorzüge unter normalen ihr zusagenden Standortsverhältnissen sind, so groß sind die von ihr ausgehenden nachteiligen Wirkungen bei ungünstig veränderten Standortsverhältnissen. Da ihre Bodenbesserung vornehmlich auf der Zersetzung ihrer Abfälle beruht, so muß sich erstere vermindern durch alles, was die Humuszersetzung ungünstig beeinflußt. Hier liegt die Grenze der Buchenwirkung. „Das ist der krasseste Widerspruch der forstlichen Empirie, daß man angesichts des Rückganges so vieler Buchenbestände immer noch die Buche ganz allgemein und ohne Vorbehalt als die beste Bodenerhalterin hinstellt. Das ist es ja gerade, was ich der heutigen Meinung zum Vorwurf mache, daß sie sich verschließt vor der Erkenntnis der Grenzen der Buchenwirkung (WEINKAUFF).“ Solche ungünstige Veränderungen in den Standortsverhältnissen haben nun zahlreich stattgefunden. Ich habe schon oben des näheren darauf hingewiesen, nenne daher hier nur die Änderungen in den Feuchtigkeitsverhältnissen, die einmal allgemein in der Richtung einer Verminderung eingetreten sind, durch Sinken des Grundwasserstandes, was an sich schon die Verhältnisse zuungunsten der Buche verschob, sodann aber wurde durch den Übergang zum gleichaltrigen Hochwald ohne Unterholz die gleichmäßige Bodenfeuchtigkeit gestört und mehr oder minder starken Schwankungen unterworfen. Das zunehmende Streben nach reinen Beständen mußte auch bei der Buche, wenn auch wenig auffällig in dieser Richtung wirken, in dem Maße, als sich reine Streu schwerer zersetzt als gemischte. Dazu wirkt der reine Buchenbestand durch das ihm eigene dichte Wurzelgeflecht in der oberen Erdschicht austrocknend. Insbesondere war auch die Bodenfreilegung beim Kahlschlagbetrieb dem Fortbestehen der Buchengeneration zuwiderlaufend, ebenso wie schlechte Wirtschaftsführung durch lichte Schlagstellung, zu rasche Nachhiebe, seitliche Bloßstellungen usw. Vor allem sind es aber die Folgen verderblicher Waldbehandlung, die das Rückgängigwerden der Buchenwaldungen verschuldeten. Streunutzung und Weide, damit Verlichtung der Bestände, ließen den Boden aushagern, austrocknen, verdichten, mit schädlicher Bodenvegetation bedecken usw. Daß eine Streunutzung gerade den Buchenbeständen verderblich sein mußte, geht aus dem großen Nährstoffkapital, das der Buchenabfall enthält, leicht ersichtlich hervor. Daß der Humusgehalt des Buchenbestandes insbesondere auf den geringeren (Sand) und trockneren (Kalk) Böden aus dem Gleichgewicht kam, ist ebenso natürlich. Und nachdem einmal eine ungünstige Zersetzung eingeleitet war, zeigte sich die Kehrseite der Buchenwirkung. Der sich nicht mehr vollständig zersetzende Buchenhumus zeigt die Tendenz, sich besonders dicht zu lagern, wird von Fadenpilzen zu einer für Atmosphärilien und Keimlinge oft vollständig undurchdringlichen Schicht versponnen und bildet am meisten freie Humussäure[1]) und dicke Schichten von Dauerhumus. Die Buche leidet also bald Mangel an Stickstoff und Nährstoffen überhaupt. Folge davon ist eine fortwährende Verschlechterung des Bestandswuchses und Verarmung des Bodens. Der Buchenwald hat dann eine durch sich selbst beschränkte Dauer.

Von dem Gesichtspunkt dieser in sich verschiedenen doppelten Buchenwirkung aus lassen sich nun auch die oft so ganz voneinander abweichenden Urteile über die Buche je nach Standort und Wirtschaftsart erklären und lösen sich viele Widersprüche.

So wandelte sich auch der Buchenwald, entweder natürlich oder künstlich durch Menschenhand, um an Stelle der rückgängigen Buchenbestände gesündere Bestände zu setzen, unterstützt durch das Sinken des Wertes des Buchenholzes und das Streben nach einer rentableren Holzart.

Wie schnell sich auf natürlichem Wege der Fruchtwechsel vollziehen kann, zeigt uns P. E. Müller[2]) anschaulich für Jütland. Auf dem trockenen mageren Boden verschwand die Eiche aus den aus Eiche und Buche gemischten Wäldern, und „es ist im höchsten Grade wahrscheinlich, daß dann die Buchenvegetation an solchen Stellen nur wenige, vielleicht sogar nur eine Generation als reiner Buchenbestand erlebt hat, bevor sie (durch Trockentorfbildung) unterlag" und der Heide Platz machte. Hier also ein vollständiges Verschwinden des Waldes. Ist die Neigung zur Humus- (Trockentorf-) Bildung eine unveränderliche Eigenschaft des Bodens, wie hier zumeist, dann wird zwar durch Bodenbearbeitung usw. der Boden vorübergehend wieder für Buche geeignet gemacht werden können, es wird aber die Erscheinung am Ende der Umtriebszeit immer wieder dieselbe sein, und es ist nur ein Wechsel mit einer nicht trockentorfbildenden oder nicht unter Trockentorf so wie die

---

[1]) Absorptiv ungesättigte Humusstoffe. Vergl. Bemerkung 1, S. 7, 46 und 47.

[2]) P. E. Müller, Natürliche Humusformen S. 83.

Buche leidenden Holzart von bleibendem Wert. Sind aber nur unrichtige Waldbehandlung oder sonstige vorübergehende Ursachen schuld, dann kann ein Wechsel zwischen Lärche oder Kiefer als Vorkultur und der nachfolgenden Buche gesunde Verhältnisse schaffen, wenn auch diese möglichst nicht rein, sondern in Mischung mit nicht trockentorfbildenden Lärchen und Kiefern, mit tiefer gehenden Wurzeln, erzogen werden. Also hier ein direkter Fruchtwechsel mit den erwähnten Holzarten.

In dem diesen Verhältnissen am nächsten stehenden nordwestdeutschen Heidegebiet sind die Laubwälder, die nach Eintritt eines milderen Klimas der prähistorischen Kiefer folgten,[1]) zum größten Teil auch aus Buchen bestehend, ebenfalls aus den nun mehrfach erwähnten zusammenwirkenden Ursachen verschwunden, hier besonders durch Menschenhand. An ihre Stelle trat die Heide. Die Bodenverarmung erreichte hier vielfach ihr letztes Stadium (Trockentorf und Ortstein). Nach Ausscheidung der verschiedenen Standortsgebiete (alter Waldboden gegenüber dem von altersher waldlosen Heideboden), deren Vernachlässigung zu manchen Mißerfolgen geführt hatte in der mit 1850 endigenden Periode des bedingungslosen Kiefernanbaues, besteht jetzt allgemein die Absicht, auf den geeigneten Standorten zum Laubholz, Buche und Eiche, zurückzukehren. Die auf den heruntergebrachten Böden infolge ihrer Genügsamkeit oft einzig mögliche Kiefer wurde vor einem Jahrhundert als Heilmittel herbeigerufen und hat sich als solches zunächst segensreich bewährt,[2]) sie hat gesunde Bodenverhältnisse geschaffen. Letztere zu erhalten, ist aber nur durch einen Fruchtwechsel möglich, da bei längerer Beibehaltung „leicht dieselben Boden- und Bestandsverhältnisse wiederkehren könnten, die sie selbst zeitweilig mit so großem Glücke bekämpft hat. Die Rückumwandlung in Laubholz muß früh genug erfolgen, um noch von den günstigen Einflüssen der Kiefern-Zwischenwirtschaft zu profitieren". Und die entstandenen Jungwüchse geben den Beweis, daß die Buche (und Eiche) sich als Nachfolgerin der Kiefer unter dem lichten Kiefernschirm sehr wohl fühlt und daß der Boden, der wieder günstige Zersetzungsbedingungen erlangt hat, „seine ursprüngliche Fähigkeit, Laubholz zu tragen, noch keineswegs eingebüßt hat". — Auch die

---

[1]) ZIMMERMANN, a. a. O., Zeitschr. f. Forst- u. Jagdwesen 1908.

[2]) ERDMANN, Die nordwestdeutsche Lehmheide.

zunächst freudig gedeihenden Buchenbestände würden unter den vorliegenden Standortsverhältnissen einen erneuten Rückgang nicht aufhalten können. Die Buche bildet hier teils sehr starke Trockentorfablagerungen, teils schwächere, aber sehr ungünstige (kohlige) Humusformen. Ein erneuter Fruchtwechsel wäre die Folge. Dem kann durch gleichzeitige Beimischung der entsprechenden Holzarten, Tanne, Lärche, auch Fichte (ERDMANN), vorgebeugt werden. Auch dies ist nichts anderes als ein zeitlich zusammengedrängter Fruchtwechsel; doch davon später. „Es scheint, daß im Gebiete des nordwestdeutschen Flachlandes der Wald nur durch die im wirtschaftlichen Wert allen anderen Laubholzarten voranstehende Buche i m Verein mit der bahnbrechenden Kiefer und Lärche aufrecht zu erhalten ist."[1]

Aber auch im eigentlichen westdeutschen Buchengebiet ist ein großer Teil der ausgedehnten Buchenbestände rückgängig geworden. Auch hier finden wir die ähnliche Entwicklung. Die Buche hat durch Ungunst der Standortsverhältnisse und Mißhandlung den Bodenrückgang nicht aufzuhalten vermocht und den Boden so verkommen lassen, daß man vielfach zum Nadelholzanbau griff, wie im Spessart, in den Weser-Gebirgen, Solling, auch Pfälzer Odenwald. Die Buchenbestände boten keine Aussicht auf Nachzucht aus sich selbst. Das Nadelholz erfüllte auch tatsächlich seinen Zweck der Bodenbesserung und man konnte vielfach zur Buche zurückkehren, wenn man die Kiefernstangenhölzer nicht zu alt werden ließ.[2] Auch lag dauernde Beibehaltung des Nadelholzes ursprünglich nicht in der Absicht. Auch hier allenthalben die Empfehlung, einen Wechsel auf kleinster Fläche beizubehalten oder anzustreben durch Einsprengung von Nadelholz oder günstig wirkendem Laubholz, wie Erle, Eberesche (Forstmeister SELLHEIM), in die zu gründenden Buchenbestände. Der Hessische Forstverein (1892) erkannte, daß die Kiefer ihre Rolle der Bodenbesserung in den rückgängigen alten Buchenwaldungen (durch Streunutzung, Versagen der Verjüngung, Übergang zum Mittelwaldbetrieb [!]) erfüllt hat und eine Rückkehr zum Laubholz auf entsprechenden Standorten möglich und anzustreben ist. Auch hier aber entsprechende Beteiligung der Nadelhölzer in den Laubholzbeständen.

---

[1] BARKHAUSEN, Forstliche Verhältnisse im Reg.-Bez. Lüneburg 1888, S. 49.

[2] WEINKAUFF, Pfälz. Forstverein 1902.

Die Pfalz — früher fast reines Buchen- und Eichengebiet — hat auf einem schon an sich (nach dem Grundgestein) meistens armen und durch ausgedehnte uralte Streuentnahme und Kahlschlag vielfach noch weiter entkräfteten Boden in ein bis zwei Jahrhunderten die fast vollständige Einbürgerung der Kiefer als eine notwendige Folge erfahren.

Durch Pflege oder selbsttätig durch ihre biologischen Eigenschaften vermag aber die Buche nun ihren früheren Besitz zurückzuerobern.[1]) Wo eine Umwandlung in Nadelholz nicht radikal erfolgte, sondern sich die Buche — vor allem durch Vermeidung zu schablonenmäßigen Kahlschlagbetriebes — erhalten konnte, ist vielfach ein Rückgang aufgehalten und durch eine sachgemäße Mischung ein befriedigender Zustand geschaffen worden, wofür gerade der Reichswald ein sprechendes Beispiel ist. Wenn dann im Pfälzer Odenwald[2]) das in vorhistorischer Zeit vorhandene Nadelholz vom Laubholz verdrängt wurde und von diesem die Buche schließlich über die Eiche den Sieg davon trug, so vermochte wiederum die Buche allein vielerorts die Waldbodenkraft nicht zu bewahren.

In Bayern, dem klassischen Lande der Mischbestände und des Femelschlagbetriebes, wo unter den Lehren Gayers die Mischung der Holzarten mehr und früher als anderswo begünstigt wurde, traten zwar auch die Folgen früherer Weide- und Streunutzung durch Rückgang der Buchenbestände allenthalben zutage, und das Nadelholz hielt auch hier aus finanziellen Gründen seinen Siegeszug, die weiteren Erscheinungen des Bodenrückgangs aber wie anderswo traten hier nicht so zutage. Vor allem der Köschinger Forst bietet das Bild für einen Wald, der von altersher pfleglich bewirtschaftet und durch den Wechsel der Holzarten auf kleinster Fläche durch Mischung günstige Streu- und Humusverhältnisse erlangte und so seine Bodenkraft durch lange Zeit bewahren konnte. Am frühesten andererseits wurde in Bayern durch das stellenweise Verschwinden der Buche ihr hoher waldbaulicher Wert als Mischholz erkannt und ein radikaler Wechsel zwischen reinen Buchen- und reinen Fichten-

---

[1]) Der Reichswald bei Kaiserslautern. Forstwissensch. Zentralblatt 1895, S. 349.

[2]) Hausrath, Änderungen in den Bestockungsverhältnissen des Pfälzischen Odenwalds. Forstwissensch. Zentralblatt 1895, S. 349.

beständen möglichst vermieden. Die günstigen Verhältnisse des Bodenzustandes im Bayerischen Wald sind allgemein bekannt.

Im nordostdeutschen Kieferngebiet mit seinen größtenteils ärmeren Böden musste sich, wo vorhanden, der Rückgang von Buchenbeständen durch Bildung ungünstiger Humusformen am ehesten zeigen. Die „Sandbuche" muß besonders zur Rohhumusbildung neigen und ihre Bedeutung kann für diese Gegend zweifelhaft sein (WEINKAUFF). — Auch im mitteldeutschen Fichtengebiet hat die Buche früher eine weit größere Ausdehnung gehabt, selbst der Harz soll früher fast ganz mit Laubholz bestanden gewesen sein,[1] jedenfalls aber die Laubholzregion viel höher hinaufgegangen sein. In Sachsen hat das Buchengebiet eine große Einschränkung erfahren. „Dem liegen wohl nur zum geringen Teile finanzielle Erwägungen ursprünglich zugrunde."[2] Der geringe Kalkgehalt des Bodens wirkt vor allem hindernd auf die Streuzersetzung, so daß im Verein mit den anderen (klimatischen) Ursachen die natürliche Verjüngung der reinen Buchenbestände immer schwieriger wurde. Die Durchsetzung mit nutzholztüchtigen Nadelhölzern ist auch hier das Streben zur Aufhaltung eines Bodenrückganges durch Verbesserung der Zersetzungsverhältnisse; zugleich wird dadurch die Rentabilität des Buchenbestandes gehoben.

Der bedeutende Rückgang der Buchenfläche in letzter Zeit hat einen Grund in den durch Mißgriffe und Eingriffe seitens des Menschen verschlechterten Bodenzuständen; aber auch alle anderen Momente, die nicht direkt Folge menschlichen Einflusses sind, lassen die Buche auf natürlichem Wege verschwinden, wenn sie die Streuzersetzung ungünstig beeinflußt. In bezug auf die Buche ist zuerst der Begriff der Bodenmüdigkeit in der Forstwirschaft angewendet worden. Wenn es auch nicht direkt ein Mangel an mineralischen Nährstoffen ist, der sie veranlaßt, so sind es gleichwohl durch die Wirkung ungünstiger Humusformen Ernährungsschwierigkeiten, vor allem Stickstoffmangel, der sie zur Folge hat. Ein Fruchtwechsel hat häufig die „Bodenmüdigkeit" beseitigt, und wenn eine Rückkehr zur Buche trotzdem danach nicht erfolgte, so ist es die finanzielle Wertsminderung der Buche, die zur Beibehaltung des Nadelholzes führte. Wo aber nach dem Nadelholz-Zwischenbau wieder auf geeigneten

---

[1] Tharander forstliches Jahrbuch Bd. 1.

[2] Tharander forstliches Jahrbuch Bd. 60, S. 115.

Standorten zur Gründung von Buchenbeständen geschritten wurde, zeigt es sich, daß die Buche als Nachfolgerin des Nadelholzes besonders freudig wuchs. Unter dem lichten Schirm der Kiefer besonders finden wir — wie in der nordwestdeutschen Heide — verheißungsvolle Buchenjungwüchse.

Die Eiche.

Die Eiche ist in dem natürlichen Entwicklungsgang der Waldbildung vielfach die Vorgängerin der Buche, jedenfalls ist sie in Laubholzgebieten von Natur fast die ständige Gefährtin derselben; die Laubwälder bestanden zumeist aus Eiche und Buche. Der größere Lichtbedarf der Eiche gab ihr aber nicht die gleiche Lebensenergie im Konkurrenzkampf, und im Prozeß des Rückganges oder Verschwindens der Laubwälder mußte sie früher und stärker leiden als die Buche. In ihren Ansprüchen an den Mineralgehalt des Bodens der Buche ziemlich gleichstehend, übertrifft sie dieselbe in ihrem Anspruch an Frische und Tiefgründigkeit des Bodens und Luftwärme. Gegenüber der Buche besitzt sie aber den Vorzug, daß ihr Abfall sich leicht zersetzt und seine Anhäufung nicht so zu saurer Humusbildung neigt;[1] man rechnet sie daher zu den Humuszehrern. Sie liefert infolge des reichen Aschengehaltes ihrer Blätter einen nährstoffreichen Humus, nur ist die Menge des dem Boden Zurückgegebenen infolge ihrer dünneren Belaubung nicht gleich der der Buche. Ersterer Vorzug wird aber oft mehr als aufgehoben dadurch, daß sie durch ihre Lichtstellung im reinen Bestande und späteren Alter einer reichlichen Bodenvegetation Existenzbedingung verschafft, die ihrerseits in ihren Abfällen einer Rohhumusbildung Vorschub leistet und einen gerade der Eiche fühlbaren Wassermangel zur Folge hat. In reinen Eichenbeständen ist daher nicht minder die Möglichkeit eines Bodenrückganges gegeben, wie in Buchenbeständen. Die durch die früheren Mißstände begünstigte Verlichtung der Bestände mußte also die Fortexistenz auch der Eiche unter Umständen in Frage stellen. Ja, es kann zweifelhaft sein, ob die Bodengefährdung durch Rohhumusauflagerung bei den Humuszehrern wie der Eiche nicht tatsächlich größer ist, als bei der Humusbildnerin Buche.[2] Jedenfalls sind es

---

[1] Vergl. dazu Bemerkung 1, S. 7, 46 und 47.
[2] ERDMANN, a. a. O. S. 71.

im letzten Grunde wieder Ernährungsschwierigkeiten durch die Humusbildung, die bei der anspruchsvollen Eiche ebenfalls in besonderem Maße ihre Wirkung äußern mußten, zumal wenn sie nicht die kräftigsten Standorte einnahm. Wenn wir nun über rückgängige Eichenbestände nicht in gleicher Weise klagen hören, wie bei der Buche, so hat das seinen Grund darin, daß die Eiche ihre Fläche im Laufe der Zeit immer mehr der Landwirtschaft abtreten mußte. Andererseits bringt es aber der Umstand, daß bei Eiche mehr als bei anderen Tiefgründigkeit bezw. Lockerheit und Feuchtigkeit des Bodens ausschlaggebend sind, mit sich, daß sie auch auf minderkräftigen Standorten normal zu gedeihen vermag, wenn nur diese beiden Faktoren in richtigem Maße vorhanden sind. „Die Eiche ist das beste Beispiel dafür, daß auch auf mäßigem Sandboden selbst anspruchsvollerer Wald im Gleichgewicht bleiben kann, wenn die Holzart als solche nicht zu saurem Humus neigt" (WEINKAUFF). Nach dem Gesagten muß die allgemeine Senkung des Grundwasserspiegels wiederum gerade für die Fortexistenz der Eiche nachteilig wirken. Ferner konnte auch die Mehrung reiner gleichaltriger Eichenbestände nicht vorteilhaft sein, und wenn die reinen Eichenbestände, wo sie auf Buchen folgten, auch anfänglich keinen auffälligen Bodenrückgang zeigten und zunächst die Bodenkraft erhielten, so zeigte sich doch oft schon vom Baumholzalter an eine Verschlechterung und die nicht seltene Unmöglichkeit, auf reine Eiche wieder reine Eiche zu ziehen. Überhaupt neigt man der Ansicht zu,[1] daß selbst im unberührten Naturwald bei uns kaum je der reine Eichenbestand zu Hause gewesen ist. Die Neigung zum Bodenrückgang reiner Eichenbestände im späteren Alter hat denn gerade bei der Eiche am ehesten die Unterbaufrage lebendig gemacht bezw. die Beimischung einer den Boden vor der rohhumusbildenden Kleinvegetation schützenden Holzart notwendig gemacht.

Im nordwestdeutschen Heidegebiet sind die früheren ausgedehnten Laubwälder (Eiche und Buche) früh verschwunden. Wenn auch die rücksichtslose Ausnutzung der Wälder auf wertvolle Eichen einen großen Teil der Schuld daran trägt, so doch in der Folge nicht minder die Änderungen im Bodenzustand. Nach Besserung derselben durch eine Nadelholz-Zwischengeneration zeigte sich

---

[1] ARNDT, Waldbauliche Streifzüge, Ztschr. f. Forst- u. Jagdwesen 1905, S. 479 ff.

aber vielfach der alte Waldboden noch laubholzfähig. Die Rückkehr zu einer Eichenbestockung ist daher vielfach in die Wege geleitet. Ihr Gedeihen ist aber unbedingt an Erhaltung und weitere Besserung des Bodenzustandes gebunden. Die freudigen Eichenjungwüchse unter dem Schirm der vorhergehenden Kieferbestände versprechen nur eine günstige weitere Entwicklung, wenn einer erneuten Bodenaushagerung durch Freilegung desselben und einer ungünstigen Entwicklung der Humuszersetzung durch eine schädliche Bodenflora vorgebeugt wird. Da das Klima das nordwestdeutsche Heidegebiet durchaus zu einem Laubholzgebiet stempelt (ERDMANN), so ist der Boden der ausschlaggebende Faktor. Die Bodentätigkeit ist daher durch Beimischung der Buche und anderer geeigneter Holzarten, bezw. durch Unterbau mit Übergang zu einer Art zweialtrigem Betrieb, unter Vermeidung von Eichenreinbeständen gesund zu erhalten. — Wohnt der Eiche nicht die Eigenschaft inne, aus sich selbst heraus fortdauernd neue gesunde Generationen zu schaffen, sei es, daß sie allein den Boden nicht dauernd in entsprechender Tätigkeit zu erhalten vermag, sei es, daß sie in Mischung, zumal mit Buche, dieser auf die Dauer durch ihr geringes Schattenerträgnis unterliegt oder von rasch wachsenden genügsameren Holzarten (Kiefer) unterdrückt wird, so ist bei ihr eigentlich von Natur der Grund zu einem Fruchtwechsel gegeben, und es bedarf besonderer Aufmerksamkeit seitens des Menschen, sie nachhaltig zu erziehen, die sich besonders auf einen zeitlich zusammengedrängten Fruchtwechsel durch Mischung (gleich- oder ungleichaltrig) richten muß. Darauf gründen sich die Wirtschaftsregeln der westdeutschen und bayerischen Eichenwirtschaft. Die guten Erfolge sind bekannt, ebenso wie es nicht an Gegenbeispielen fehlt. Ich denke dabei z. B. an zum Teil vorzügliche reine Eichenbestände in Sachsen (Wermsdorfer, Zwenkauer, Marbacher Revier), die, weitständig durch Heisterpflanzung gegründet, ohne jedes Bodenschutzholz, doch aber kaum die Gewähr bieten für ein Aushalten im gegenwärtigen Wuchs oder für die Nachfolge einer gleichen zweiten Generation. Die vorhandene Wasserreiserbildung weist schon auf Ernährungsstörungen hin und der Boden gibt keine Gewähr für eine lebenskräftige natürliche Verjüngung, während andererseits Eiche in gleichzeitiger Mischung mit Buche (Olbernhau) gesunde Bilder bietet.

Andererseits vermag die Eiche durch ihre günstige Abfallzersetzung und Durchwurzelung des Bodens denselben in einem vor allem Nadelhölzern zusagenden Zustande zu erhalten, einen Waldboden zu schaffen, für den eine nachfolgende Nadelholzgeneration sehr dankbar ist. Das Beispiel in der Lüneburger Heide, wo die alten Eichenkrüppelbüsche (Stühbüsche) einen dem Nadelholzanbau sehr günstigen Bodenzustand anzeigen, ist bekannt; ja bei Aufforstungen auf altem verödetem Nicht-Waldboden schuf eine 30—50 jährige Eichengeneration erst den Waldboden, auf dem das Nadelholz später freudig gedieh und von der „Nadelholzsterbe" verschont blieb (Oberförsterei Harburg).

Wenn auf den erkrankten und zurückgebrachten Laubholzböden eine Nadelholzgeneration oft unbedingte Notwendigkeit war, so genügte dieser Fruchtwechsel in vielen Fällen schon, um wiederum zum Laubholz zurückkehren zu können. Ich erinnere hier an ein Beispiel aus Sachsen, das den Besuchern des Deutschen Forstvereins von 1902 bekannt ist: Die Nadelholzbestockung auf den arg heruntergebrachten Böden des nordwestlichen Laubwaldgebietes hatte eine so auffällige Bodenbesserung zur Folge, daß auf besseren Partien schon im 3. Jahrzehnt die Eiche wieder mit Erfolg nachgezogen werden konnte; jetzt steht der Boden wenig unter II. Bonität für Fichte. Wenn die Rückkehr zum Laubholz, zur Eiche, gleichwohl meist nicht geschah, so waren es die finanziellen Bedenken einer rechnenden Bodenwirtschaft, die daran hinderten.

Die Eiche hat zwar (anders wie die Buche) ihre technisch hohe Wertschätzung in vollem Maße behalten, ihr notwendig hohes Umtriebsalter und die hohen Neugründungskosten vermögen aber einer auf Zinseszinsen beruhenden Kalkulation nicht standzuhalten. Sie hat daher nur in geringem Maße ihr früheres Gebiet zurückerobert, das ja — wie erwähnt — zum größten Teil der Waldwirtschaft überhaupt entzogen wurde; wir können daher wohl eine Zunahme der Eichenfläche feststellen, für weitere Gebietseroberungen bietet sich aber keine Aussicht. Sie wird aber auf besten Standorten dauernd und am besten im Großbetrieb sich rentieren, wie in den noch lebensfrischen, im Herzen gesund gebliebenen großen ausgesprochenen Laubholzgebieten (Pfälzer Wald, Spessart u. a.). Im übrigen ist sie als Einzelbeimischung an geeigneten Orten nie zu vernachlässigen, eingedenk ihres technischen und bodenkundlichen Wertes.

Wenn das Laubholz im Laufe der Entwicklung mehr und mehr an Gebiet verloren hat, so hat dafür das Nadelholz, insbesondere Kiefer und Fichte, um so mehr an Gebiet gewonnen. Wir haben bezüglich des Nadelholzes daher zu unterscheiden: sein ihm von der Natur eigenes Gebiet, das aber selbstverständlich in dem natürlichen Prozeß der Waldumwandlung ebenfallls Änderungen unterliegt, und das Gebiet, das es an Stelle des Laubholzes durch Bestands- und Bodenrückgang der letzten Jahrhunderte oder an Stelle mehr weniger unproduktiven Geländes erobert hat, bei letzterem wieder das Gebiet, das in der natürlichen Verbreitungszone des Nadelholzes liegt, und das außerhalb derselben.

Die Kiefer.

Das ist zunächst die Kiefer, die als genügsamste Holzart berufen ist, auf heruntergekommenen Waldböden noch zu gedeihen oder den geringsten Boden neu zu bestocken (natürlich hier, wie immer in unserer Betrachtung, zunächst in den ihrem Gedeihen überhaupt entsprechenden Standortsverhältnissen). Ihr in der Jugend reichlicher Nadelabfall, der sich gut zersetzt und am wenigsten von allen Waldbäumen freie Humussäure bildet,[1] ihr tiefgehendes reichlich mit starken Seitenwurzeln versehenes Wurzelsystem (wo es sich ungehindert entwickeln kann) und ihre als wahrscheinlich angenommene Eigenschaft als Stickstoffsammler (P. E. MÜLLER), vermag den Boden in einen dem Waldwuchs im allgemeinen günstigen Zustand zu bringen und anderen Holzarten die Stätte zu bereiten. Aber auch wo sie die ihr günstigen Standortsbedingungen nicht findet, vermag sie noch, wenn auch kümmernd, lange zu gedeihen, vor allem durch ihren geringen Anspruch an den Mineralgehalt, und ist daher auf vielen Böden eine Muss-Pflanze. Sie ist im Gegensatz zur Fichte vor allem auf Bodenfeuchtigkeit angewiesen, sie hat ein absolut höheres Bedarfsminimum an Wasser als die Fichte, sie erträgt aber einen Mangel daran, allerdings bei zurückbleibendem Wuchs. Auch das eignet sie zu einer Übergangs- und Hilfsholzart. So wertvoll alle diese Eigenschaften sind, so gefährlich kann sie doch für die Erhaltung der Bodenkraft werden. Die mit dem höheren Alter eintretende Verlichtung stört die günstige Humuszersetzung, und die sich einstellende Kleinvegetation setzt den einmal begonnenen Prozeß der Rohhumusbildung fort und steigert ihn zu Wirkungen, die gerade auf den gewöhnlich ärmeren Standorten

---

[1] RAMANN a. a. O. Vergl. dazu Bemerkung 1, S. 7 und S. 85.

verhängnisvoll werden. Der Widerspruch, daß die Kiefer auf der einen Seite als Humuszehrerin, auf der anderen Seite als Rohhumusbildnerin erscheint, erklärt sich aus der indirekten Wirkung der sich einstellenden Bodenvegetation. Nicht die Kiefer an sich schafft ungesunden Boden, sondern die Lichtstellung im höheren Alter.

So genügsam einerseits die Kiefer ist, so empfindlich ist sie andererseits gegen anormale Bodenzustände. Sie reagiert sehr auf solche Zustände: Wurzelfäule, durch Luft- und Wasserabschluß der Humusschichten mangelhafte Ernährung und andere schon öfter genannte Begleiterscheinungen — auch hier oft der Ausdruck „Bodenmüdigkeit" gebraucht —, den verschiedensten Ursachen zugeschrieben, sind aber alle nur wieder eine Folge der ungesunden Humusverhältnisse. Ist die Einleitung einmal geschehen, so muß notwendigerweise bei fortgesetztem Kiefernbau Boden und Bestand von Generation zu Generation zurückgehen. Die Kiefer ist aus eigener Kraft nicht imstande, während der Dauer der Umtriebszeiten, wie sie zur Erzielung marktfähigen Starknutzholzes gebraucht werden, die Bodenkraft zu erhalten bezw. nachhaltig zu bessern.

In der natürlichen Entwicklung der Waldveränderungen wurde denn auch die Kiefer vielfach von anderen Holzarten abgelöst. Dessen wurde oben schon Erwähnung getan. Ich erwähnte auch schon, daß Dengler meint, es müsse bei uns wohl eine Kiefernperiode gegeben haben, nach welcher die Kiefer dann von Laubhölzern wieder verdrängt wurde. Denn sobald die Standortsbedingungen für andere Holzarten, besonders Tanne, Buche, Fichte, günstig werden, weicht sie diesen infolge ihres geringen Schattenerträgnisses. Wenn aber die Standortsbedingungen, vor allem die Humusverhältnisse, sich für erstere ungünstig gestalten, wofür die Gründe, wie wir sahen, nicht einmal außerhalb des Verhaltens der Holzarten selbst zu liegen brauchen, dann wird die Kiefer wieder die Oberhand bekommen. Zumal ist das nun der Fall bei den gewaltigen Veränderungen im Wald- und Bodenzustand durch die Wirtschaft des Menschen, der ihr durch künstlichen Anbau teils als einzigem Notbehelf, teils des finanziellen Ertrags wegen eine große Verbreitung schaffte. Das war um so leichter, da das natürliche klimatische Verbreitungsgebiet der Kiefer allenthalben über Deutschlands Grenzen hinausgeht.

Das größte Flächengebiet hat die Kiefer wohl in Nordwestdeutschland gewonnen. Teils auf den heruntergebrachten Laubholzböden in den in Heide übergegangenen alten Waldböden, teils durch Aufforstung der von altersher vorhandenen Heideböden. Diese Unterscheidung ist zur Erklärung ihres verschiedenen Gedeihens wichtig (ERDMANN). Auf dem alten Waldboden der Heide, der, wenn auch Heide tragend, keineswegs ein mineralisch schwacher Boden zu sein braucht, wie so oft dem ganzen nordwestdeutschen Heidegebiet nachgesagt wird, und der häufig durch die alten zähen ausdauernden „Stühbüsche" noch stark durchwurzelt ist, und in den heruntergekommenen Laubholzbeständen, zeigten die Kiefern einen befriedigenden, zum Teil freudigen Wuchs. Bei aber mehr weniger verdichteten Böden, wie sie im Heidegebiet sehr häufig sind, stellen sich die so bekannten und beklagten Schäden der Kiefaraufforstungen ein als Wurzelfäule und Stammtrocknis. Jeder auf eine Laubholzbestockung folgende Kiefernbestand findet einen durchwurzelten Boden vor, die absterbenden Wurzelreste bereichern den Boden an Humusstoffen und erhalten eine gewisse Lockerheit. „Diese günstigen Bedingungen sind schon verringert, wenn es sich um die zweite Kieferngeneration handelt, denn die Kiefer durchwurzelt den Boden nicht so intensiv als das Laubholz — daher das für Nordwestdeutschland so typische Nachlassen im Wuchs bei Fortsetzung der Kiefernzucht" (ERDMANN).

Da Klima und früherer Waldbestand vielmehr auf eine Laubholzbestockung hinweisen, ist ein Übergang an diesen Örtlichkeiten zum Laubholz überall angebahnt und zum Teil durchgeführt. Denn die Kiefer hat ihre Aufgabe der Bodenbesserung in ihrer ersten Generation meist vollauf erfüllt, sie hat in ihrer Eigenschaft als Humuszehrerin die Zersetzungsverhältnisse gebessert und hat den Boden beschirmt. Wie sich aber diese ihre Eigenschaft im reinen Bestande im höheren, (hier schon Stangenholz-) Alter direkt umkehrt durch Lichtstellung und direkte Förderung der Rohhumusbildung, so würde eine zweite Kieferngeneration hier nur die anfänglichen Bodenbesserungen wieder zunichte machen.

Anders bei den auf verdichtetem Boden begründeten Kiefernbeständen, die schon in der ersten Generation Krüppelwuchs zeigen und häufig frühzeitig absterben. Hier wird auch eine zweite Generation keine Besserung schaffen; da vermag wohl eine andere gegen Verdichtung weniger empfindliche Holzart (siehe oben Eiche) erst die für die Kiefer nötige Lockerheit des Bodens zu schaffen. Daher erklärt sich die stellenweise gehörte, zuerst befremdliche

Ansicht,[1]) daß die Kiefer die ungeeignetste Holzart für Aufforstungen sei und erst der für sie geeignete Waldboden geschaffen werden müsse, in erster Linie durch Laubholz, besonders Eiche, Buche, Hornbaum. (Es wird das schon oben angeführte Beispiel der Oberförsterei Harburg genannt.) Reine Kiefernbestände werden daher infolge ihrer Neigung zur Rohhumusbildung im späteren Alter, vermehrt durch die Kalkarmut des Bodens und die Feuchtigkeit des Klimas, hier nie dauerndes Wirtschaftsziel sein können. — Wie früher die Kiefer, eingemischt in den Eichen- und Buchenwäldern, in gesunden Stämmen vorkam, so wird sie auch in Zukunft nur in geeigneter Mischung oder mit entsprechendem Unterbau ihr wirtschaftliches Dasein rechtfertigen können. Im Fruchtwechsel fällt ihr gleichwohl dauernd, auch als reiner Bestand, eine große Rolle zu. Gerade das nordwestdeutsche Heidegebiet zeigt im allgemeinen und in Einzelheiten die große Bedeutung eines Fruchtwechsels deutlich.

Das nächste große Gebiet der Kiefer ist das nordostdeutsche Kieferngebiet, wo sie wohl von altersher heimisch ist und Generationen hindurch anderen Holzarten gegenüber das Übergewicht infolge der Standortsverhältnisse behauptete. Sie findet hier den ihr typischen Standort in dem tiefgründigen Sandboden. Durch frühere ausgedehnte Streunutzung, die wegen des großenteils armen Bodens für die Landwirtschaft ein besonderes Bedürfnis war, zugleich aber dem Boden besonders nachteilig sein mußte, mit dem Verlassen der Ungleichaltrigkeit des Bestandsbildes, mit dem Zunehmen ausgedehnter großer Kahlschläge, mit dem Sinken des Grundwasserspiegels, was besonders in den sandigen Ebenen früh seine Wirkungen äußern mußte, wo die Feuchtigkeit einen ausschlaggebenden Wachtumsfaktor bildet, — konnte eine Wendung zum Ungünstigen in den Humusverhältnissen nicht ausbleiben. Dazu kommt vor allem noch die häufige Bloßlegung und Belichtung des Bodens durch die ausgedehnten Kalamitäten, die wiederum Anlaß gaben zum Entstehen ausgedehnter gleichaltriger Kiefernflächen. Sind auf dem lockeren, oft armen Sandboden an sich die Bestände schon in einem sehr labilen Gleichgewichtszustand bezüglich ihrer Ernährung, so mußten die erwähnten nachteiligen Einflüsse besonders leicht große Störungen hervorrufen. Allenthalben hören wir daher hier Klagen über Rückgängigwerden des Bodens, über

---

[1]) ZIMMERMANN, Zeitschr. f. Forst- u. Jagdwesen 1908.

Nachlassen der Produktion von Generation zu Generation, über zunehmende Rohhumusansammlung. Heilung kann auch hier nur eine günstigere Gestaltung der Humusverhältnisse bringen. Wenn auch ein direkter Fruchtwechsel hier vielerorts ausgeschlossen ist, da die Kiefer an der untersten Grenze der dabei verwendbaren Holzarten steht, so müssen hier häufig andere Mittel zur Heilung des erkrankenden Bodens an seine Stelle treten. Darunter steht der Unterbau der Kiefernbestände an erster Stelle. Und die Forderung desselben als Wirtschaftsziel wird immer nachdrücklicher erhoben. Die Schaffung einer Mischstreu, zumal wenn Laubholz, wie Buche, Hornbaum, Akazie und Traubeneiche,[1]) verwendet werden können, wird Heilung bringen können, wenngleich zuzugeben ist, daß dem Unterbau durch die Beschaffenheit des Bodens gewisse Grenzen gezogen sind. Der Forsteinrichtung fällt im übrigen die Hauptaufgabe zu durch Vermeidung großer Schlagflächen und Schaffung einer gewissen Ungleichaltrigkeit der Bestandslagerung. Wir stehen eben hier auf vielen Böden an der Grenze der Leistungsfähigkeit. Andererseits gibt es aber auch viele Böden, die zum mindesten einer Beimischung anderer Holzarten keine Schwierigkeiten bieten. Bei gesunden Zersetzungsverhältnissen vermag sich der Wald auch auf dem ärmeren Sandboden durchaus im Gleichgewicht zu halten, wie wüchsige Eichenbestände dartun. Zu einem Teil hat sich aber doch ein Holzartenwechsel vollzogen und vollzieht sich noch. Vor allem im Osten hat die Fichte vielfach die Kiefer abgelöst und gewinnt ständig an Feld. Doch davon bei Besprechung der Fichte das Nähere.

Im westdeutschen Laubholzgebiet hatte die Kiefer die heruntergekommenen Laubholzböden eingenommen. Sie sollte das Mittel zum Zweck sein, um nach der Bodenbesserung zum Laubholz zurückzukehren. Die häufig reinen Bestände gediehen zum Teil durch die Nachwirkung der Laubholzbestockung und häufigen Beimischung von Laubholz-Stockausschlägen sehr gut. Ihre größere Rentabilität gegenüber dem Laubholz ließ sie jedoch auch nach der Besserung des Bodens noch beibehalten und ihren Anbau vielfach über das nötige Maß ausdehnen. Es machten sich aber mit der Zeit Rückschritte bemerkbar. Die Kiefer befand sich vielfach nicht auf ihr dauernd zusagenden Standorten, nachdem die Laubholzwirkung ver-

---

[1]) Märkischer Forstverein 1907.

schwunden war; die reinen Kiefernbestände zeigten ihre Nachteile, so daß wieder eine Umwandlung der Kiefernbestände in Laubholz empfohlen und durchgeführt wurde, beziehentlich die reinen Kiefernbestände als Mischbestände verjüngt und neu gegründet wurden,[1] wo die Kiefer standortsgemäß und ihres finanziellen Ertrages wegen beibehalten werden sollte. „Die Kiefer ist in, mit und durch die Buche zu erziehen"; in den Wechselwirkungen der der Kiefer beigemischten Holzarten wird die Gewähr für nachhaltige Produktion gesehen.

Im Pfälzer Odenwald z. B. fand gleichfalls die Kiefer, früher dem Kern des Gebietes fremd,[2] auf den durch Streu- und Weidenutzung, fehlerhafte Schlagstellungen und Übernutzung geschädigten Laubholzböden Eingang. Auch hier bestand ursprünglich die Absicht, nach Besserung der Bodenverhältnisse zum Laubholz zurückzukehren. Finanzielle Rücksichten ließen es dazu vielfach nicht kommen und führten andererseits zu weiterer Ausdehnung der Kiefer. Doch die zweite Kieferngeneration blieb häufig in Masse und Güte des Ertrags hinter der ersten zurück. Fehlt den gleichaltrigen Kiefernbeständen der Laubholz- Zwischen- und Unterbestand, so geht die an und für sich geringe Bodenkraft durch frühzeitige Lichtung, Rohhumusbildung und Bodenverdichtung noch weiter zurück. Ein Fruchtwechsel zur rechten Zeit (d. h. hier Rückkehr zum Laubholz) würde einen derartigen Rückgang vermeiden auf Laubholzstandorten; auf solchen, wo nur Kiefer standortsgemäß, wird es immer eingesprengte Örtlichkeiten geben, wo Laubholz wenigstens mitwachsen kann oder durch Unterbau Laubholz-Orte geschaffen werden können, die in den nächsten Umtrieb als Laubholz-Horste übernommen werden können (HAUSRATH).

In Süddeutschland (Bayern) hatte die Kiefer die gleichen Gründe ihrer Ausbreitung. In vielen Gebieten, wo sie nicht natürlich vorkam, nahm sie die durch Streu- und Weidenutzung geschwächten Böden der Oberpfalz und Fränkischen Kreise in Besitz, die Einführung der Schlagwirtschaft begünstigte sie anderen Holzarten gegenüber. Große Kalamitäten in Oberbayern führten nach dem Versagen des Fichtenanbaues auf diesen Kahlflächen zu ihrem Anbau im großen.[3] Nachdem sie als Hilfsmittel ihren Zweck erfüllt,

---

[1] Hessischer Forstverein 1892.
[2] HAUSRATH a. a. O.
[3] VOIT, a. a. O. S. 75/76.

ließ man ihr vielfach, besonders auf den großen Kalamitätenflächen, die Fichte folgen. Im allgemeinen vermied man die Folgen fortgesetzten Kiefernanbaues durch das in der zweiten Hälfte des 19. Jahrhunderts gerade in Bayern lebhafte Bestreben nach Schaffung gemischter Bestände.

In Sachsen hat vor allem das nordwestliche Laubholzgebiet eine rasche Bestockungswandlung erfahren. Die heruntergekommenen Laubholzböden wurden zuerst meist der Kiefer zugewiesen. Sie wurde ausdrücklich von Haus aus als ein Übergangs- und Hilfsmittel bezeichnet. Sie erfüllte zwar ihre Aufgabe der Bodenbesserung durch rasches Jugendwachstum und Bodendeckung, der ihr aber nicht zusagende (tonige und lettige) Standort, der ihrer normalen Wurzelausbildung hinderlich war und schwammiges, vielfach faules Holz erzeugte, ließ die Besserung nicht nachhaltig sein, nötigte zu vorzeitigem Abtrieb. Die Rückkehr zum Laubholz, für das zum Teil nach sehr kurzer Zeit die Bodenverhältnisse wieder günstig geworden waren, hinderten hauptsächlich finanzielle Erwägungen. Die Fichte wurde die Nachfolgerin der Kiefer. Und auch im Norden und Nordosten Sachsens waren an Stelle der früheren, nach alten Waldbeschreibungen vorzüglichen gemischten Laubholzwälder nach deren Verödung ausgedehnte Kiefernbestände getreten, die auf dem zum Teil tiefgründigen Sandboden einen günstigen Standort fanden. Mag die Kiefer auch vielfach die Bodenverhältnisse gebessert haben, so ist hier doch an eine Rückkehr zum reinen Laubholz zumeist nicht zu denken, da sich offensichtlich (wie z. B. in der Dresdner Heide) die Grundwasserverhältnisse in einer dem Laubholz ungünstigen Weise geändert haben. Im übrigen zeigt sich aber die Wirkung fortgesetzten Kiefern-Rein-Anbaues ohne Unterbau und der Kahlschlagwirtschaft auf dem Sandboden in einer fortschreitend ungünstigen Gestaltung der Humusverhältnisse. Die Nachteile der letzteren werden nur gerade in Sachsen gemildert durch den niedrigen Umtrieb einerseits, durch die bewegliche Bestandswirtschaft mit ihren kleinen Schlagflächen andererseits. Vielerorts wird man dauernd mit einer Kiefernwirtschaft rechnen müssen und dann gilt das für das Nordostdeutsche Kieferngebiet Gesagte auch hier. Oft hat aber die Fichte die Kiefer abgelöst, wenn auch oft mit zweifelhaftem Erfolg; andererseits aber wieder konnte die Kiefer an vielen Stellen einen gebesserten Boden der Fichte und an geeigneten Stellen dem Laubholz übergeben.

Wenn die Ausbreitung der Nadelhölzer, auch der Kiefer, nicht nur durch den Zustand des Waldes an sich begünstigt wurde, sondern auch die finanziellen Vorteile der Nadelhölzer bezw. Masse und Wert der Erträge nach gleicher Richtung wirkten, so war die Folge, daß sie vielfach auf ihnen nicht zusagenden Standorten angebaut wurden. So auch die Kiefer. Wo sie höher in die Gebirge stieg, litt sie in reinen Beständen unter Schnee- und Duftbruch, wo sie auf flachgründigem Boden mit abschließenden Schichten stockte, wie häufig bei Aufforstungen in Nordwestdeutschland, mußte sie zeitig rückgängig werden u. a. m. In allen solchen Fällen machte sich natürlich ebenfalls nach Eintritt der üblen Folgen und der Erkenntnis ihrer Ursachen ein erneuter Wechsel der Holzart nötig.

Andererseits verleiteten die guten Erfolge der ersten auf Laubholz folgenden Kieferngeneration oft zu Erwartungen, die die nächsten Generationen nicht erfüllten. Wenn die Kiefer nach Laubholz, besonders nach Buche, besonders gut gedeiht, so liegt das daran, daß besonders die Buche ein reiches Bodenkapital, besonders Stickstoff, umsetzt und hinterläßt, dazu eine der Kiefer willkommene Durchwurzelung des Bodens. Eine zweite auf die erste folgende Kieferngeneration findet diese Verhältnisse nicht mehr in gleicher Weise vor. Neigt der Standort selbst noch zu ungünstigen Humusbildungen, dann müssen die reinen Kiefernbestände von Generation zu Generation zurückgehen. Die Rentabilität der Kiefer täuscht dann oft über einen nicht sehr in die Augen springenden Bodenrückgang hinweg. — Aussicht auf dauernde Erhaltung der Bodenkraft ist jedoch dann vorhanden, wenn wir den Kiefernbeständen ähnliche Wohltaten, wie der Laubholz-Vorbestand es tat, schaffen. Das ist möglich durch einen Wechsel, wenn nicht von Generation zu Generation, so doch auf kleinster Fläche durch Beimischung der betreffenden Holzarten.

Die Fichte.

Zweifellos die bedeutendste Ausdehnung hat im letzten Jahrhundert die Fichte gefunden, wohl dank ihrer relativen Genügsamkeit, überwiegend aber ihres finanziellen Wertes wegen.

Die Fichte gehört zu den genügsamen Holzarten, wenngleich sie kräftigen Urgebirgsboden liebt. Ihre flache Bewurzelung stellt an die Tiefgründigkeit des Bodens geringe Ansprüche, dagegen ist

ihr Gedeihen an eine gewisse Frische des Bodens gebunden. Bezüglich des Mineralstoffbedarfs ist sie sehr empfindlich; durch ihr
flaches und an Wurzelfasern armes Wurzelsystem muß sie sich zur
Befriedigung ihres Mineralstoffbedarfs mit einer weit geringeren
Bodenmasse als andere begnügen und stockt in dem kritischen
Altern sofort im Wuchs, wenn ihr die nötigen Nährstoffe nicht
reichlich zur Verfügung stehen. Sie ist daher, besonders der Kiefer
gegenüber, trotz des annähernd gleichen Entzugs im Nachteil. Das
gleiche gilt bezüglich der Wasserversorgung. Sie hat einen absolut
geringeren Wasserbedarf als die Kiefer, kann diesen aber nur in
der oberen Bodenschicht decken, weshalb sie viel empfindlicher gegen
Austrocknung dieser oberen Bodenschicht ist als jene und auf
feuchtere Standorte angewiesen ist als sie, was einigermaßen ausgeglichen wird dadurch, daß sie mehr auf Luftfeuchtigkeit, die vielleicht zum Teil einen Mangel an Bodenfeuchtigkeit ersetzen kann,
angewiesen ist, als die Kiefer. Die Fichte bildet von den Nadelhölzern am frühesten und am meisten Humus, der nächst der Buche
am meisten freie Humussäure zu bilden vermag.[1]) Dadurch, daß
die Fichte in ihrer Ernährung mehr auf die obersten Bodenschichten
angewiesen ist, und daß sie durch ihr flaches Wurzelsystem ein
Oberflächentrockner wie keine andere ist, so sind umgekehrt für
sie zu einem normalen Gedeihen die Humusverhältnisse von größter
Wichtigkeit. Alle Momente, die die oberste Bodenschicht ungünstig
beeinflussen, müssen daher besonders der Fichte nachteilig werden.
Die Fichte ist bei weitem die standortsempfindlichste Holzart bezüglich ihrer Humuszersetzung. Auf den frischen Urgebirgsböden
ist deshalb ihre eigentliche Heimat. Ihr dichter Schluß bis ins
hohe Alter schützt den Boden dauernd, die Humuszersetzung verläuft
normal und sie ist daher hier wohl imstande, auch in reinen Beständen Generationen hindurch den Boden produktionskräftig zu erhalten. Viele deutsche Mittelgebirge haben seit Alters reine Fichtenbestände getragen, verbunden allerdings mit einer mehr oder weniger
plenterwaldartigen Beschaffenheit und einer, wenn auch zerstreuten,
Einmischung von Buche und Tanne. Mit der periodischen Bloßlegung des Bodens durch Kahlschlag, der Entstehung gleichaltriger
Bestände, in denen als eine Folge des Kahlschlags auch jede noch

---

[1]) RAMANN, a. a. O. S. 149. Vergl. auch Bemerkung 1 S. 7, 46,
47 und 85.

etwa vorhandene wohltätige Beimischung verschwindet, beginnt die Wendung zum Schlechteren. Humusanhäufungen auch auf Urgebirgsboden sind daher eine Erscheinung, die immer mehr zunimmt, wenn ihre Wirkungen bisher auch abgeschwächt wurden durch die gerade bei Fichte häufig niedrigeren Umtriebszeiten. Viel bedenklicher werden aber die Wirkungen, wo der Fichtenanbau auf ihr nicht zusagende Standorte einerseits, über ihr natürliches Verbreitungsgebiet andererseits ausgedehnt wurde. Gerade die Fichte hat das letztere infolge ihrer finanziellen Würdigung wohl am meisten von allen Holzarten erfahren. Fand sie daher vielfach auf dem alten Laubholzboden noch ein reiches Bodenkapital vor, so zeigte sich doch, wenn nicht im ersten, so sicher im zweiten Umtrieb ein Wuchsrückgang. Meistenteils wird er in den ungünstigen Humusverhältnissen seine Erklärung finden, sei es, daß durch mangelhafte Ernährung, durch Mangel an Bodenfrische, häufig im Niederland auch durch Mangel an Kalk die Zersetzung der Abfälle gestört und gehemmt wird, sei es, daß durch entstehende Trockentorfschichten umgekehrt ein Abschluß des Bodens bewirkt wird, wo die flach wurzelnde Holzart an sich schon leicht die Bodendurchlüftung herabsetzt. Die Folge ist, wie oben gezeigt, zuerst ein Stickstoffmangel und ungünstige Feuchtigkeitsverhältnisse, worauf die flach wurzelnde Fichte wieder besonders schnell reagiert. Die dünne und mißfarbene Benadelung vieler Fichtenbestände im Niederland deuten ja direkt auf einen Stickstoffhunger hin. Daß hier natürlich eine häufige Bloßlegung des Bodens durch Kahlschlag, die durch die sich auf ungeeigneten Standorten auch bei Fichte mit der Zeit einstellende Bestandslichtung vorbereitet und verstärkt wird, das ihrige beiträgt ist natürlich. Bei der einmal begonnenen Humusbildung, besonders auf ungeeignetem Standort, bieten natürlich die folgenden Generationen reiner Fichte keine Gewähr für Besserung, sondern werden vielmehr einen schrittweisen Rückgang in der Bodenkraft zeigen, wie es ja häufig mit Sorge beobachtet wird. Sehen wir uns daraufhin wieder einige Waldgegenden Deutschlands an:

Das Königreich Sachsen ist ein ausgesprochenes Fichtenland geworden. In seinem gebirgigen Teil (Erzgebirge) hat auch von jeher die Fichte eine Heimat gehabt. Die wenigen noch vorhandenen Altholzreste zeigen, daß die Fichtenbestände, wenn auch in geringem Maße, mit Tanne und Buche gemischt waren. Diese für die Erhaltung der Bodentätigkeit gleichwohl so wertvollen Beimischungen verschwanden durch die allgemeine Einführung des Kahlschlages. Zweifellos haben sich durch den Übergang zu ganz reinen, gleichaltrigen Fichtenbeständen die Humusverhältnisse verschlechtert. Wenn es gleichwohl töricht wäre, von einem auffallenden Rückgang des Bodens oder der Bestände im Erzgebirge zu reden, so ist das den verschiedenen gerade in Sachsen sich in so günstiger Weise vereinigenden Umständen zu danken, die einem Rückgang entgegenwirken. Der Verzicht auf Starkholzzucht und damit verbundener niedriger Umtrieb, die Maßnahmen der Forsteinrichtung, wie sie in den kleinen Hiebszügen und der günstigen Bestandslagerung zum Ausdruck kommen, — dies, verbunden mit der natürlichen Kräftigkeit vieler erzgebirgischer Böden, vermeidet ein schnelles Eintreten ungünstiger Humuswirkungen und wird voraussichtlich noch manche Generation wüchsiger Fichtenbestände entstehen lassen können. Aber dabei ist doch zu bedenken, daß erst ein oder wenig Umtriebe dieser reinen ausgesprochenen Fichtenwirtschaft hinter uns liegen, und die Frage, ob nicht ein allmählicher Rückschritt, eingeleitet durch die beginnenden und sich mehrenden Humusbildungen, vorhanden ist, der nur durch besondere Umstände gerade in Sachsen in den immerhin beschränkten Zeiträumen, die eine objektive Vergleichung ermöglichen, nicht augenfällig in Erscheinung tritt, möchte ich gleichwohl noch eine offene nennen. — Die beispiellose Rentabilität der Fichte in Sachsen hat aber nun zu einer Ausbreitung derselben geführt, wie kaum anderswo. Daß damit vielfach ins nachteilige Extrem verfallen wurde, ist fast natürlich. Die ungünstigen Wirkungen blieben nicht aus. Im nordwestlichen früheren Laubholzgebiet ist die Fichte zum Teil direkte Nachfolgerin der Laubholzbestockung geworden, zum Teil der zunächst gefolgten Kieferngeneration. Sie hat durch ihren gegenüber der Kiefer anfangs langsameren Wuchs, aber die spätere intensivere Beschirmung des Bodens, denselben später, aber nachhaltiger gebessert als die Kiefer und ihn zu einer Rückkehr zum Laubholz geeignet gemacht. Ihr zeitiges Rückgängigwerden — auf besseren Laubholzböden durch Rotfäule, auf schlechterem Boden durch stockenden Wuchs, geringe Benadelung usw. — zeigte, daß sie hier nicht in ihrer Heimat ist. Befindet sie sich doch hier auch außerhalb ihrer natürlichen Verbreitungszone (siehe oben). Wenn sie gleichwohl nach frühzeitigem Abtrieb beibehalten wurde, so geschah dies fast lediglich aus finanziellen Erwägungen. Die mit der Unpäßlichkeit des Standorts steigende

Gefahr der reinen Fichtenbestände, die auf diesem Boden mit der Freistellung beim Kahlschlag eintretende intensive Bodenverwilderung geben indes keine Gewähr, daß die Fichte hier die Bodentätigkeit und Bodenkraft auf die Dauer mehrerer Umtriebe wird erhalten können.

Ebenfalls vielfach außerhalb ihres natürlichen Verbreitungsgebietes trat die Fichte an die Stelle der Kiefer oder des Laubholzes in den nördlichen sandigen Gebieten. Mag sie hier auch finanziell mehr leisten als die Kiefer, mag sie auch hier ihr gegenüber den Vorteil längerer Bodenbeschirmung und dadurch Verhinderung des zeitigen Aufkommens schädlicher Bodenvegetation haben, so ist doch ihre sonstige Widerstandsfähigkeit durch das häufige Fehlen ihrer natürlichen Standortsbedingungen, in der Ebene vor allem der Luftfeuchtigkeit, geschwächt, so daß von ihr dasselbe gilt, wie oben. Sie zeigt die Erscheinungen mangelhafter Ernährung, rückwirkend auf die Zersetzung ihrer Abfälle mit den weiter greifenden Folgen. In einem fortgesetzten reinen Fichtenanbau liegt auf solchen Böden gewiß eine große Gefahr für die Nachhaltigkeit ihrer Produktionskraft. Eine Herabsetzung der Umtriebszeit kann wohl verzögernd wirken, einen fortschreitenden Rückgang aber nicht aufhalten.

In dem anderen Fichtengebiet, das die Fichte zum großen Teil schon seit langer Zeit inne hat, im Oberharz, war der Fichte früher Laubholz beigemischt, wie erwähnt. Die jetzigen reinen Fichtenbestände dagegen verschlechtern fortschreitend den Boden durch mangelhafte Streuzersetzung und Bildung dichter Rohhumusschichten.[1] Die Fichte ist dann auch im Harz in die unteren Laubholzregionen eingedrungen, teils zur Besserung heruntergekommener Böden, teils aus finanziellen Gründen. Auf den besseren Böden wurde sie rotfaul, ein Fruchtwechsel durch Rückkehr zum Laubholz brachte Heilung.[2] — Im Thüringer Wald, im Fichtelgebirge konnte sich die alte Bestockung der Fichte in Mischung mit Buche und Tanne in der alten Femelwirtschaft lange erhalten,[3] mit dem Übergang zur Kahlschlagwirtschaft verschwanden die Beimischungen und zunehmende Rohhumusbildung war die Folge mit fortschreiten-

---

[1] Kautz, Zeitschr. f. Forst- und Jagdwesen 1909 (Märzheft).
[2] Harzer Forstverein 1905.
[3] Sieber, a. a. O.

dem Waldrückgang, besonders im Fichtelgebirge. Lehrreich ist der Vergleich des Fichtelgebirges mit dem bayerischen Wald, die beide gleiche Bodenverhältnisse haben, während in letzterem sich die Bodenkraft nachhaltig erhält. Allerdings begünstigen auch noch klimatische Einflüsse die Rohhumusbildung im Fichtelgebirge.

In Süddeutschland hat die Fichte ebenfalls ständig an Boden gewonnen. Zuerst war ihr Vordringen mehr oder weniger ein natürliches und auf den Zustand vieler Waldungen und Veränderungen in den Bodenverhältnissen zurückzuführen. Sie gewann durch ihre natürlichen Eigenschaften die Oberhand über Buche und Eiche, oft mit hartnäckigem Widerstand gegen ihre beabsichtigte Vernichtung.[1] Die dann folgende künstliche Verbreitung der Fichte, die in dem alten Laubholzboden zuerst gut gedieh, zeitigte gleichwohl in den reinen Beständen eine nachteilige Humuszersetzung.[2] Der große Wert, der frühzeitig hier auf Erziehung gemischter Bestände gelegt wurde, verfehlte nicht seine günstigen Wirkungen.

Ist man im westdeutschen Laubholzgebiet von jeher der Fichte mißtrauisch entgegengekommen wegen ihrer Neigung zur Rohhumusbildung, so hat man gleichwohl ihr Vordringen vielfach nicht aufhalten können wegen der Schwierigkeit der Laubholznachzucht auf den heruntergekommenen Böden. Trotz des guten Gedeihens der Fichte, die vielfach erst in der ersten Generation vorhanden ist, glaubt man hier an die Möglichkeit einer Bodenverschlechterung in den reinen Beständen.[3]

Aber auch als Nachfolgerin der Kiefer hat sich die Fichte vielfach auf natürliche Weise das Feld erobert, wie in Ostpreußen, wo sie über die immer mehr den zahlreichen, besonders Jugendgefahren erliegende Kiefer den Sieg davonträgt. Zugleich nimmt sie Besitz von den durch Sinken des Grundwasserspiegels auch in dem nassen Ostpreußen trocken gelegten Kiefermooren und Erlenbrüchen.[4]

Im nordwestdeutschen Heidegebiet findet die Fichte wohl ein inselartiges natürliches Vorkommen, aber wohl ursprünglich nur

---

[1] Voit, a. a. O. S. 55/56.

[2] Gayer, Schweizer Zeitschr. f. d. Forstwesen 1899.

[3] Deutsche Forstzeitung 1909, No. 42.

[4] Arndt, Zeitschr. f. Forst- u. Jagdwesen 1894, „Geht unsere Waldwirtschaft zurück?"

als eine beigemischte Holzart. Im Mittelalter war sie zum größten Teil verschwunden. Ihr Wuchs nach ihrer Einführung von Mitte des 18. Jahrhunderts an (ERDMANN) war aber nicht ein solcher, wie er ihr im natürlichen Verbreitungsgebiet eigen ist, obgleich der Mineralstoffgehalt der Heideböden im allgemeinen ausreichend ist und obgleich die hohe Luftfeuchtigkeit Nordwestdeutschlands die gewöhnlichen Nachteile für die Fichte in der Ebene ausgleichen könnte. Aber in dem der Rohhumusbildung so günstigen Klima vermag die Fichte im reinen Bestande den Boden nicht dauernd ungeschädigt zu erhalten. — Sie wurde meist auf den besseren Partien des alten Waldbodens angebaut. Im Wechsel mit der Buche leistete sie auch hier beim ersten Anbau befriedigendes, ging dann aber von Generation zu Generation in Alter und Ertrag zurück.[1] Auf den Aufforstungsflächen folgte sie häufig der rückgängigen Kiefer, wenn der Boden für Laubholz nicht geeignet schien. Sie schützt und erhält hier die Bodenkraft besser als die Kiefer und gibt höhere Erträge. Die ehemals der Kiefer zugefallene Aufgabe muß jetzt von der Fichte übernommen werden. Ob sie allein dauernd die Bodentätigkeit zu erhalten vermag, erscheint auch hier fraglich. Eine Rolle wird sie jedenfalls dauernd spielen als Unterbau in Kieferbeständen oder in Mischung mit dieser. Auch die Fichte wird wieder von anderen Holzarten abgelöst werden müssen, je nach dem Zustande des Bodens. Tanne und Lärche scheinen dazu besonders berufen (ERDMANN). —

So natürlich und berechtigt die Ausbreitung des Nadelholzes (Kiefer und Fichte) infolge des Zustandes vieler Waldböden war, so groß sind doch die Gefahren eines bedingungslosen Festhaltens an großen reinen Nadelholzwaldungen wegen ihrer Neigung zur Rohhumusbildung, ihrer austrocknenden Wirkung, ihrer zahlreichen Gefahren, denen sie ausgesetzt sind und die umso bedrohlicher sind, je weniger der Standort ihnen zusagt. Vielerorts haben sie ihre Aufgabe der Bodenbesserung vorzüglich erfüllt. Ihre Zweckbestimmung als Heilmittel und Übergangsstadium wurde aber verdunkelt oder vergessen durch die finanziellen Aufgaben, die sie im modernen Wirtschaftswald erfüllen sollten.

Andere Holzarten.

Die erwähnten vier Holzarten bilden die Hauptbestockung des deutschen Waldes und bedurften daher einer eingehenderen

---

[1] BARKHAUSEN, a. a. O. S. 16.

Würdigung ihres wechselseitigen Verhaltens. Die übrigen gestatten wegen ihres geringeren Vorkommens kürzere Erwähnung. Ihre Bedeutung aber ist darum nicht geringer. Zum Teil ist es gerade ihr zunehmendes Verschwinden aus dem Walde, das ihre Bedeutung für die Erhaltung des Gleichgewichtes im Haushalte des Waldes erst klar vor Augen führt.

Das ist vor allem die Tanne. Sie kann in ihrer Wirkung auf die Bodenkraft als eine Holzart ersten Ranges bezeichnet werden. Ihre dichte Benadelung schützt den Boden und liefert einen reichlichen Abfall, der sich leicht zersetzt, wenig zu saurer Humusbildung[1]) und -anhäufung neigt. Nach WEINKAUFF besteht die bodenbessernde Wirkung ihrer Streu in einem reicheren Gehalt an Kalk und Stickstoff als die der Fichte und geringeren Gehalt an Kieselsäure, als die der Buche. Sie war innerhalb ihres natürlichen Verbreitungsgebietes und auf den geeigneten Standorten ein allgemein auftretendes Mischholz, vorwiegend in Buche und Fichte. Durch die Beimischung der Tannenstreu nimmt in Fichtenbeständen die Humusbildung sofort ab (WEINKAUFF), und daß Tannenhorste in Fichtenbeständen sich sofort durch einen besseren Bodenzustand unter sonst gleicher Beschaffenheit des Bodens auszeichnen, ist eine allgemein bekannte Erscheinung. Ihr Verschwinden aus dem Walde aus den verschiedensten Gründen, vornehmlich aber durch die Kahlschlagwirtschaft, muß eine Wendung zum schlechteren bezüglich des Waldbodenzustandes bedeuten, und man führt verschiedentlich die zunehmende Verschlechterung der Humusverhältnisse, besonders in reinen Fichtenbeständen des Fichtel- und wohl auch Erzgebirges auf den Tannen- (bezw. Buchen-) mangel zurück. Ihre große Bedeutung und günstige Wirkung als Bodenschutzholz oder als Voranbau auf ihr zusagenden Standorten ist ja bekannt. Auch in dem eigentlichen Tannengebiet Südwestdeutschlands hat die Tanne fortschreitend an Gebiet verloren. Mit dem Vordringen der Fichte und Zurückgehen der Tanne sind auch die Humusverhältnisse ungünstiger geworden, wie es auch gelegentlich des deutschen Forstvereins in Heidelberg ausgesprochen wurde.

Die Bedeutung des Hornbaumes als Bodenschutzholz und Mischholz ist bekannt. Er ergänzt darin die Buche in den dieser nicht passenden Standörtlichkeiten, besonders im Niederland und auf

---

[1]) Vergl. Bemerkung S. 46 und 47.

steinigem, kiesigem, geringerem, aber etwas kalkhaltigem Boden. Besonders wertvoll ist die leichte Zersetzbarkeit seiner Streu. Sein geringer Wert als Nutzholz, seine Ungeeignetheit für eine gleichaltrige Mischung infolge seiner Wuchsform haben ihn immer mehr aus dem Walde als unwillkommene Holzart verdrängt und sind jedenfalls seiner Nachzucht hinderlich gewesen; ob zum Vorteil der Waldbodenkraft, ist zum mindesten fraglich.

Eine Reihe Holzarten hat für die Bodenwirtschaft besondere Bedeutung durch ihre stickstoffsammelnden Eigenschaften. Ist die Schwarzerle auf ihre spezifischen Standörtlichkeiten beschränkt, so vertritt auf anderen die Weißerle ihre Stelle; ihre Bedeutung wird wohl vielfach noch zu gering geschätzt, die vor allem darin besteht, den Boden an Stickstoff zu bereichern und dadurch für andere Holzarten vorbereiten zu können. Die Erlen sind wahrscheinlich die am stärksten Stickstoff bindenden Pflanzen, die überhaupt existieren und, — zumal Weißerle — scheinen berufen zu sein, noch einmal für forstliche Zwecke (Zwischenpflanzung) die größte Rolle zu spielen. Wie leicht sich Fichte, auch Tanne, Buche, Kiefer, Lärche unter Weißtanne ansiedelt, wie sie den Wuchs stockender Kulturen zu beleben vermag, dafür gibt es Beispiele. Besondere Beachtung verdient in dieser Hinsicht die Akazie. Obgleich eine der anspruchsvollsten Holzarten, wächst sie trotzdem auf ärmsten Böden. Ihre tiefgehenden zahlreichen Saugwurzeln mit lebhafter Wurzeltätigkeit lockern und durchlüften den Boden, sie befördern die Verwitterung auch noch wenig zersetzten Gesteins, schließen dadurch den Boden auf, und so wird durch den aschereichen Blattabfall die Bodenkrume an Nährstoffen bereichert. Vor allem aber bereichert sie den Boden direkt an Stickstoff durch die Tätigkeit der Wurzelknollen. Wir haben daher in ihr eine Holzart, die allen den sonstigen ungünstigen Einflüssen der nutzholztüchtigeren Holzarten auf die Bodenkraft entgegenarbeitet. Sie ist daher vielleicht berufen, dieselbe Rolle zu spielen wie die Leguminosen in der Ackerbauwirtschaft. — So wird vielfach die Akazie zur Besserung heruntergebrachter Böden empfohlen, wie von VADAS[1]) als erste Generation nach heruntergekommenen Laubwaldungen, als Unterbau in Kiefernbeständen an Stelle von Buche, und hat bei den Aufforstungen ungarischer und russischer Steppen ausgezeich-

---

[1]) VADAS, Forstliche Versuche (Ungarn) 1908.

nete Dienste geleistet. Gerade die Akazie gibt aber wiederum ein Beispiel dafür, daß eine dauernde Nachzucht derselben auf Schwierigkeiten stößt, wo sie versucht wurde. Es ist in Ungarn nicht gelungen, sie in reinen Beständen zu erhalten. Es ist hier sehr wahrscheinlich, daß dies eine Wirkung ihrer eigenen Ausscheidungen ist.

Ob manche andere Holzarten die Mißachtung, die sie erfahren, verdienen, mag oft zweifelhaft erscheinen. Ich erinnere an die Birke, die (nach P. E. MÜLLER) ebenfalls im Besitze von Wurzelknöllchen, wenn auch deren Wesen noch nicht untersucht, vielleicht nicht so ohne Bedeutung ist. „Wenn eine Fichtenkultur auf einer Fläche ausgeführt wird, die hier und da Birke getragen hat, so wachsen die Fichten weit freudiger auf den ehemals mit Birken bestandenen Stellen als außerhalb derselben, ebenso wie die Fichten immer gut anwachsen, wenn sie nach dem Abtrieb eines Birkenwaldes gepflanzt werden." Mit der Aspe als erste Vorposten bei der natürlichen Waldbildung vermögen sie offenbar die Stätte für die später einwandernden Holzarten zu bereiten. Und manche andere Holzarten, darunter auch Ausländer, wie Douglas- und die fast einheimische Weimutskiefer, werden als Heilmittel für ungesunde Bodenzustände geschätzt, wobei immer wieder die günstige Wirkung auf die Streuzersetzung das wesentliche ist. Und ob den geschmähten und verfolgten sonstigen Weichhölzern im Haushalte des Waldes nicht überhaupt eine korrigierende Rolle bezüglich des Bodenzustandes zufällt, möchte mindestens dahingestellt sein. Andere, wie Esche, Rüster, Ahorn, die teils ihr optimales Verbreitungsgebiet mehr südlich von Deutschland haben oder doch zum Teil nur auf spezifischen Standörtlichkeiten Berechtigung haben, kommen für unsere Betrachtung weniger in Frage. Die Lärche hat wohl hauptsächlich ihres hohen Nutzholzwertes und ihrer später Enttäuschungen bergenden anfänglichen Schnellwüchsigkeit wegen ihr beschränktes Standortsgebiet in Deutschland so weit überschritten. Für eine Bodenpflege kommt auch sie ernstlich nicht in Betracht.

Ich möchte als nicht unwahrscheinlich bezeichnen, daß die zunehmende Einförmigkeit unseres Waldbildes, das Schwinden der Mannigfaltigkeit in der Zusammensetzung der Bestände neben anderen oben erwähnten direkten Ursachen menschlichen Eingreifens zum Teil in ursächlichem Zusammenhang mit den mehr und mehr hervortretenden Erscheinungen einer Verschlechterung der Humus-

und Bodenverhältnisse steht. Jedenfalls ist es doch mindestens ein merkwürdiger Zufall, daß gerade die Holzarten, die uns finanziell wertvoll sind und auf deren Nachzucht sich daher unsere Forstwirtschaft richtet, in größerem oder geringerem Grade ungünstigen Einfluß auf die Nachhaltigkeit der Bodenkraft äußern bezw. äußern können, und daß andererseits gerade die Holzarten, die mehr und mehr aus dem Walde verschwinden, bezw. wegen ihres geringen finanziellen Nutzwertes beseitigt werden, fast durchweg anerkannt günstigen Einfluß auf den Boden haben. —

Die vorhergehende Schilderung der Eigenschaften, bezw. des Verhaltens einzelner Holzarten in ihren Beziehungen zueinander und ihrer Folge aufeinander konnte naturgemäß nur eine lückenhafte und ganz unvollkommene sein. Die mannigfachen Beziehungen und Variationen, die sich ergeben aus der vielseitigen Verschiedenheit des Standorts für dieselbe Holzart, aus der Verschiedenheit der Holzart auf demselben Standort, eingehend zu würdigen, fällt ja aus dem Rahmen der Arbeit. Es kam mir nur darauf an, eine gewisse Illustration zu liefern dafür, daß einmal ein Wechsel der Holzart in den Änderungen der Bodenverhältnisse, vor allem der Humusverhältnisse, begründet ist, und sodann, daß eine Besserung des Bodenzustandes, vor allem der Humusverhältnisse, oft an einen Holzartenwechsel gebunden ist. —

„Überhaupt scheint der Fruchtwechsel im Walde auf der Humusgrundlage zu beruhen" (Weinkauff).

Wirkungen und Zukunft des Fruchtwechsels.

Aus dem vorhergehenden erhellt:

Es steht fest: Ein Fruchtwechsel hat auf den meisten mit Wald bestockten Flächen von jeher stattgefunden, einmal auf natürlichem Wege durch natürliche Veränderungen im Klima und den Bodenverhältnissen in größeren Zeiträumen. Diese Änderungen finden auch gegenwärtig statt, wenn auch im Vergleich zu unseren Wirtschaftszeiträumen in verschwindendem Maße. Ferner fand ein Fruchtwechsel statt durch die durch das biologische Verhalten der Holzarten bedingte Reihenfolge der Beteiligung derselben an der successiven Waldbildung. — Und sodann auf künstlichem Wege, indem durch die Wahl der Holzart entweder den genannten Veränderungen Rechnung getragen wurde oder die Entwicklung einer größeren Intensität in der Forstwirtschaft die Einführung rentablerer Holzarten als die vorhandenen in die Wege leitete. — Endlich wurden indirekt durch die Wirtschaftsformen (Großflächen und Kahlschlag, sowie künstliche Verjüngung) ursprüngliche Baumarten verdrängt, neue Baumarten eingeführt und begünstigt, besondere typische Bodenveränderungen, damit Veränderungen in der Waldflora hervorgerufen, und die früheren Mischbestände, in denen sich die Holzarten gegenseitig im Wechsel auf kleinster Fläche ergänzten und förderten, in Reinbestände umgebildet. Mayr schildert den letzteren Vorgang: Werden gemischte Bestände im Großflächenkahlschlag angegriffen, so erscheinen auf der Kahlfläche von den Holzarten des angrenzenden Außenrandes des Mischholzbestandes in der ersten Generation noch fast alle, jedoch in einem anderen Verhältnis als sie im Mutterbestand vorhanden waren; in der zweiten Kahlschlaggeneration, aus Naturverjüngung hervorgegangen, ist in der Regel der Reinbestand der waldbaulich stärksten Holzart an die Stelle des Mischwuchses getreten.

Was sind nun die Wirkungen und Folgen dieses Fruchtwechsels gewesen?

Einmal geht hervor, daß ein Fruchtwechsel etwas der Waldbestockung von Natur eigenes ist. Die lange Lebensdauer ihrer Glieder jedoch läßt die Wandlungen gegenüber den relativ geringen Zeiträumen menschlicher Vergleichsmöglichkeiten nicht so hervortreten.

Durch Fruchtwechsel sind die aus verschiedenen Gründen verschlechterten Bodenverhältnisse vielfach gebessert worden, ein fortschreitender Rückgang ist aufgehalten worden, die Bodenkraft ist vielerorts gehoben worden. Im Verein mit einer sachgemäßeren und pfleglicheren Behandlung der Bestände selbst hat eine bedeutende Ertragssteigerung stattgefunden.

Zugleich aber hat sich ergeben, daß zur Erhaltung der Bodenkraft oft ein weiterer Fruchtwechsel sich nötig machte, da manche Holzarten wohl ihre Aufgabe der Bodenbesserung in dem gegebenen Stadium erfüllt hatten, aber nicht imstande waren, sie auch fernerhin zu erhalten; abgesehen natürlich von Fällen, wo eine gewählte Holzart einen Mißgriff bezüglich des Bodens bedeutete und daher an sich schon die Nachfolge einer anderen nötig machte.

Dieser natürlichen Erkenntnis liefen aber nun vielfach finanzielle Interessen zuwider und verhinderten einen weiteren Fruchtwechsel, auch wenn er zuerst als im Interesse der Erhaltung der Bodenkraft nötig vielerorts anerkannt worden war.

Es ergibt sich daher von selbst die Frage: Ist durch eine Beibehaltung des gegenwärtigen Zustandes, der gegenwärtigen Holzartverteilung eine Garantie für fortdauernde Erhaltung der Produktionskraft des Bodens gegeben? Können wir den bisher in der Geschichte des Waldes aus den mannigfachsten Gründen erfolgten Fruchtwechsel sistieren oder ist unter den gegebenen Verhältnissen doch ein weiterer Fruchtwechsel ratsam? bezw. Ist eine nachhaltige Produktionskraft des Waldbodens an einen Fruchtwechsel vielleicht sogar gebunden?

Zunächst müssen wir sagen: Wir sind einmal noch keineswegs überall zu normalen Bodenverhältnissen gelangt, die Schäden früherer und gegenwärtiger Mißstände sind noch keineswegs überall beseitigt. Das geht an sich schon aus den wenigen angeführten Beispielen des vorigen Abschnittes hervor. Die Heilung erkrankten Waldbodens, besonders in Nordwestdeutschland, veranlaßt ja gegenwärtig wieder einen umfangreichen Fruchtwechsel von Nadelholz in Laubholz; es fehlt nicht an Beweisen, daß die vielfachen Wurzelerkrankungen der Kiefer im Niederland und daß die Erscheinung der Bodenmüdigkeit bei Buche und Kiefer durch einen Wechsel in der Holzart beseitigt wurden; die Umwandlung rückgängiger Laubwälder und Mittelwälder ist noch keineswegs beendet usw.

Hätten wir auch allenthalben einander entsprechende Boden- und Bestandsverhältnisse, so wird doch niemals ein Stillstand in der Entwicklung der Standortsverhältnisse eintreten. Es mehren sich ja auch ständig die Stimmen dafür, daß wir trotz unserer hochentwickelten Forstwirtschaft und -wissenschaft einen ständigen Bodenrückgang zu verzeichnen haben. Die Gründe hierfür liegen ja einmal allgemein außerhalb der Einflußsphäre, wenn nicht des Menschen überhaupt, so doch wenigstens des Forstmannes. Mit ihnen muß gerechnet werden, und die Wirtschaft kann nicht anders, als sich ihnen anzupassen, selbst wenn es eine rückläufige Bewegung ist. Das ist zuerst die Senkung des Grundwasserspiegels, die wohl bei der hoch entwickelten Kulturtätigkeit eines so dicht bevölkerten und technisch so vorwärtsstrebenden Landes wie Deutschland noch nicht zum Stillstand gekommen ist. Das wird sich wiederum besonders im Niederlande äußern, und es ist anzunehmen, daß auf den dem Laubholz noch zugewiesenen Böden manchenorts die Erziehung desselben immer schwieriger werden wird und eine Umwandlung wohl vorzüglich in Nadelholz auch eine Erscheinung der Zukunft sein wird. Die Rauchschadengefahr seitens industrieller Anlagen wirkt in derselben Richtung eines Holzartenwechsels, indem hier aber das Nadelholz besonders gefährdet ist und vielfach dem Laubholz weichen muß. Und weiter sind durch die Entwicklung, die unsere Forstwirtschaft genommen hat, vielfach von neuem ungesunde Bodenzustände geschaffen worden. Die finanzielle Bevorzugung des Nadelholzes auch auf Böden, deren Standortsfaktoren ihm nicht zusagen, hat gewisse Gefahren für die Bodenkraft gezeitigt. Das vorzeitige Rückgängigwerden desselben läßt den Gedanken an eine andere Holzart nahe treten, und es fehlt nicht an Belegen, daß die in heruntergekommenen Laubholzgebieten durch Nadelholz zunächst erzielte Steigerung der Bodenproduktivität sich keineswegs als nachhaltig erwiesen hat. — Durch die enorme Zunahme der Nadelholzflächen gehen auch weiter laufende Änderungen vor sich, indem diese allgemein den Boden wesentlich kälter und trockener machen als das Laubholz. Dazu kommen die zahlreichen sonstigen Gefahrenmomente des Nadelholzanbaues in reinen gleichaltrigen Beständen. Große und zahlreiche Kalamitäten durch Insekten, Pilze, Feuer usw. sind daran geknüpft, die wieder ihrerseits gewaltsame Veränderungen in den Bodenverhältnissen im Gefolge haben können. — Endlich bieten die noch der Aufforstung harrenden Ödflächen Anlaß zum Anbau verschiedener Holzarten im Wechsel zur Schaffung von gesundem Waldboden.

Aber auch aus finanziellen Gründen wird in Zukunft ein Holzartenwechsel eintreten und das mit Recht, denn der Wald, der modernen Anforderungen gerecht werden soll, muß ein Ertragswald sein; ein Wald von natürlichen gesunden Formen, der den Ertragsrücksichten aber nicht entspricht, erfüllt seinen Zweck nicht, und das Verlangen nach „Rückkehr zur Natur" in der Forstwirtschaft ist unberechtigt und Schwärmerei, sobald es dieses Ziel aus den Augen verliert. Und da eine Rentabilität nur denkbar ist in Beziehung zu den jeweiligen Konjunkturen, nicht den vorübergehenden Schwankungen, sondern den durchgreifenden und in längeren Zeiträumen herrschenden Marktveränderungen, wird auch

immer eine Änderung in der Konjunktur einen Wechsel der Holzart
nach sich ziehen.

Und schließlich liegt auch in der fortschreitenden wissenschaftlichen Forschung die Möglichkeit, daß durch die vertiefte und
erweiterte Erkenntnis der Wechselbeziehungen zwischen Boden und
Pflanzen,[1] sowie durch Auffindung künstlicher Mittel zur Beeinflussung derselben, Holzarten auf Flächen erzogen werden können,
wo es heute mit Schwierigkeiten verbunden oder unmöglich ist, wodurch man dann weiter in den Stand gesetzt wäre, an Stelle von
Muss-Holzarten Bedarfs-Holzarten treten zu lassen.

Wir werden jedenfalls auch in Zukunft mit einem Fruchtwechsel in der Forstwirtschaft zu rechnen haben.

Fruchtwechsel als ein Naturgesetz des Waldes.

Nun fragt es sich: Wird nicht vielleicht durch den Fruchtwechsel, der zunächst aus allen möglichen anderen Gründen erfolgt
ist, als gerade aus dem Gebot physiologischer Notwendigkeiten,
stillschweigend und unbewußt einem Naturgesetz des Waldes
ein Zugeständnis gemacht? Es fragt sich, ob außer den erwähnten
mannigfachen konkreten Fällen ein Fruchtwechsel nicht überhaupt
ein integrierender Bestandteil einer nachhaltig bodenpfleglichen
Forstwirtschaft ist?

Die Fähigkeit des Bodens, den Waldbäumen dauernd Nahrung
zu bieten, hängt ab vom Vorhandensein von Wasser, Mineralstoffen
und Stickstoff. Entscheidend ist das jeweils im Minimum vorhandene
Nahrungsmittel. Die Gleichmäßigkeit der dargebotenen Nährstoffe ist daher für eine dauernde Erhaltung der Bodenkraft er-
forderlich. Nun ist an sich im großen ganzen der Wassergehalt
des Bodens von der jeweiligen Holzart unabhängig. Es kann also
bezüglich des Wassergehaltes mehr oder weniger gleichgültig sein,
ob wir mit der Holzart wechseln oder ein und dieselbe Holzart
dauernd nachziehen. Ebensowenig kann angenommen werden, daß

---

[1] Ich erinnere dabei nur an die neuesten amerikanischen Studien
Whitneys über den Einfluß von Ausscheidungen der Pflanzen auf die
Bodenfruchtbarkeit und deren Beziehungen zu den Erscheinungen der
Bodenmüdigkeit.

durch die Aufeinanderfolge derselben Holzart — wenn anders die Holzart überhaupt standortsgemäß, d. h. dem Mineralstoffgehalt des Bodens angepaßt ist — eine allmähliche Erschöpfung des Bodens an den nötigen Mineralstoffen eintritt. Der Bedarf der einzelnen Holzarten an den verschiedenen Mineralstoffen ist zwar ein ganz verschiedener, und bei Aufeinanderfolge derselben Holzart wird der von ihr besonders bevorzugte Mineralstoff in verstärktem Maße in Anspruch genommen; indes ist der Entzug durch die Holznutzung so gering, daß er durch den Aufschluß neuer unverwitterter Mineralstoffe unter normalen Verhältnissen ausreichend ersetzt wird.

Das Entscheidende liegt bei der Ernährung des Waldes darin, daß die in der Streu enthaltenen Mineralstoffe durch die Zersetzung dem Boden wieder zugute kommen. Da in der Streuzersetzung auch die Hauptquelle für den Stickstoffbedarf liegt, so ist in den Streu- bezw. Humusverhältnissen der Schwerpunkt der ganzen Statik der Waldbodenkraft zu erblicken.

Eine Störung in der Zersetzung der Abfälle muß eine Störung der Mineral- und Stickstoffernährung (in weiterer Folge auch der Feuchtigkeitsverhältnisse und des physikalischen Bodenzustandes) mit sich bringen, wie oben ausführlich dargelegt wurde. Die Streuzersetzung ist aber nun wesentlich von der Holzart und der Bestandsverfassung abhängig.

Es ist eine alte Beobachtung der Praxis, daß sich die Holzarten am liebsten nicht unter ihresgleichen ansiedeln, und eine oft beobachtete Erscheinung, daß die Holzarten oft in dem Humus anderer Holzarten freudiger gedeihen als im eigenen, daß der natürliche Holzartenwechsel häufig auf den Humusverhältnissen beruht.

Dazu kommt das Ergebnis wissenschaftlicher Untersuchungen, daß eine gemischte Streu verschiedener Holzarten günstigere Zersetzungserscheinungen aufweist als reine Streu ein und derselben Holzart. Die Holzarten vermögen sich also gegenseitig zu ergänzen und zu unterstützen, in dieser, aber auch in anderen Beziehungen, wie bezüglich der Einwirkung auf den physikalischen Bodenzustand, seine Lockerheit, Krümelung, Durchlüftung durch die Wirkung der verschiedenen Wurzelausgestaltung und -ausbreitung (Tief- und Flachwurzler), wodurch wiederum eine größere Bodenmasse ausgenützt, der Produktion dienstbar gemacht wird; endlich durch gewisse physiologische Erscheinungen und Wechselwirkungen, zu deren Erkenntnis wir den Anfang gemacht haben, wie das einzelnen Holzarten typische Stickstoffsammelvermögen und Mykorrhiza-Wirkungen.

Es sei hier auch aufmerksam gemacht auf die Untersuchungen bezw. Feststellungen VATERS[1]) über die verschiedene Reaktion der Waldbäume auf den Boden gelegentlich ihrer Stickstoffaufnahme. Völlig entsprechend der verschiedenen Optima in Wärme und Feuchtigkeit für die verschiedenen Baumarten „gedeiht auch jede Baumart bezw. -unterart bei einem bestimmten Grad der basischen — neutralen — sauren Reaktion des Bodens am besten und vermag in einem von Art zu Art wechselnden Umfange Abweichungen von dieser günstigsten Reaktion zu ertragen. Die unmittelbare Aufnahme von gebundenem Stickstoff kann sowohl in der Nitrat- als auch in der Ammoniakform erfolgen. Die gegen Säure empfindlichen Bäume bevorzugen jedoch die Nitratform, die an Säure angepaßten die Ammoniakform". Erstere nehmen von dem Nitrat den Säureteil auf, so daß hierdurch der Boden basischer wird, letztere von den Ammonsalzen den basischen Teil, so daß der Boden saurer wird. Es besteht nun die begründete Annahme, daß Kiefer und Fichte die Ammoniakform bevorzugen, der Boden des Fichten- und Kiefernbestandes mithin zu zunehmender saurer Reaktion neigt, Buche dagegen die Nitratform bevorzugt, ihr Boden daher einer basischen Reaktion zuneigt. Weitere Untersuchungen stehen noch aus, indes schafft die hier angedeutete Verschiedenheit in bezug auf Bodenreaktion und Stickstoffaufnahme weitere Möglichkeiten wechselseitigen Ergänzens der Holzarten bei verschiedenem Bodenzustand. „Die Beurteilung der Mischbestände von Fichte und Buche ist mit davon abhängig, ob angenommen wird, daß die Buche Nitrate und die Fichte Ammonsalze bevorzugt."

Die verschiedenartigen vorteilhaften Wechselbeziehungen der Holzarten kommen nicht sowohl in einer zeitlichen Aufeinanderfolge der Holzarten zum Ausdruck, sondern ebenso vermöge der Langlebigkeit in einem zeitlichen und örtlichen Nebeneinander. Der Kern der Sache bleibt immer derselbe. Wenn man unter Fruchtwechsel gemeiniglich, veranlaßt durch die landwirtschaftliche Begriffsbestimmung, ein Nacheinander verschiedener Gewächse versteht, so sind

---

[1]) VATER, Bemerkungen zur Stickstoffaufnahme der Waldbäume, Tharandter Jahrb. 1909, S. 275 ff.

doch die Wechselbeziehungen der zeitlich neben- und miteinander wachsenden Holzgewächse des Waldes im Grunde auch weiter nichts als ein Fruchtwechsel, denn seine typischen Wirkungen sind hier wie dort dieselben.

In einer normalen, möglichst raschen und vollständigen Streuzersetzung liegt also der Schwerpunkt der Erhaltung der Waldbodenkraft. „Der Bestand jeglicher Holzart kann auf fast jedem Boden zu verhältnismäßigem Gedeihen kommen, so lange, als der Standort überhaupt Bodentätigkeit einleiten und erhalten kann. Auf sogenannten geschonten Waldböden ist nicht der Anspruch an Nährstoffe für das Gedeihen entscheidend, sondern die Streuzersetzungsfähigkeit der Holzart. Auf den meisten deutschen Böden dürfte bei normalen Humusbildungen keine besondere Gefahr für den Boden bezw. die örtlich gegebene Stärke der Bodenkraft bestehen“ (WEINKAUFF).

Hierfür lagen nun in den früheren natürlichen Waldformen die Verhältnisse günstig. Der typische Charakter des Waldes war überwiegend der Mischwald, der Mischbestand. Die Mischstreu von humusbildenden und humuszehrenden Holzarten zersetzte sich günstig, die Bodenkraft konnte unter solchen Verhältnissen keine Einbuße erleiden. Dazu kam — und wo kein Mischwald, da war dies das Wirksame — die Bestandsform des lockeren Femel- und Plenterwaldes, die ebenfalls einer günstigen Streuzersetzung förderlich war und wiederum den verschiedensten Mischholzarten ein Gedeihen ermöglichte.

Das änderte sich mit dem Übergang zu reinen Beständen und gleichaltrigen Bestandsformen. Die Zersetzungsverhältnisse der Streu wurden dadurch — wie oben geschildert — in ungünstiger Weise beeinflußt, und das um so mehr, als durch ungünstigen Zufall gerade die heute wichtigen und finanziellen Hauptholzarten (Nadelholz, Buche) am meisten zur Bildung ungünstiger Humusformen neigen, ebenso wie gerade die Gleichmäßigkeit und Gleichaltrigkeit unserer Hochwaldungen — vom finanziellen Ertragsstandpunkt die vorteilhafteste Bestandsform — für die Humusverhältnisse von Nachteil ist.

Seit dieser Wandlung haben sich auch die Klagen über „Bodenmüdigkeit“, Bodenrückgang, Bodenerschöpfung, Ansammlung unzersetzter Streu und Humusmassen von Jahr zu Jahr gemehrt, und darin mag ein indirekter Beweis gesehen werden, daß der

Fruchtwechsel im Walde, jedenfalls die Wechselbeziehungen der einzelnen Holzarten eine Naturnotwendigkeit gesunden Waldlebens ist. — Und die immer lauter erhobene Forderung gemischter Bestände ist ein Zugeständnis, das der Beobachtung dieses Naturgesetzes gemacht wird, indem — wie gesagt — in gemischten Beständen weiter nichts als ein modifizierter Fruchtwechsel erblickt werden kann.

Und dazu haben wir zahlreiche Beispiele, wo durch einen bloßen Fruchtwechsel ungünstige Humusverhältnisse beseitigt, eine Belebung schwindender Produktivität erreicht wurde.

III. Maßnahmen, die einem Fruchtwechsel ähnlich wirken und ihn ersetzen können.

Nun ist aber bei all diesen Fragen festzuhalten, daß unser moderner Wirtschaftswald in erster Linie ein Ertragswald zu sein hat, daß also entgegen einem naturgemäßen Fruchtwechsel an reinen Hochwaldbeständen und an wechselloser Fruchtfolge zumeist festzuhalten sein würde, wenn anders ein Rückgang der Bodenkraft durch andere Mittel auszuschließen und die Nachhaltigkeit derselben zu wahren möglich ist. Bei Beurteilung eines Rückganges der Bodenkraft liegt aber gerade in der Forstwirtschaft die große Gefahr vor, daß man sich gewöhnt, die gegenwärtigen Erscheinungen als gegebene Eigentümlichkeiten hinzunehmen, weil eine Vergleichsmöglichkeit durch die großen Zeiträume so sehr erschwert ist, und daß man leicht unberücksichtigt läßt, daß wir es heute mit ungleich besseren und volleren Beständen zu tun haben als früher und dies leicht eine Täuschung in bezug auf die Bodenkraft veranlassen kann, zumal wenn wir die Zuwachsleistung der Bestände als Vergleichsmittel zu gebrauchen wagen. Dazu hat es andererseits den Anschein, als ob die hohen finanziellen Erträge, die unserer gegenwärtigen Wirtschaftsweise eine Berechtigung geben, gegen manche Erscheinungen der Veränderungen in der Statik der Bodenkraft blind machten. Aber nur eine Wirtschaft, die jeden Bodenrückgang, mag er auch noch so unmerklich und allmählich sein, nach menschlichem Ermessen ausschließt, ist eine wahrhaft finanzielle und rentable.

Unterbau und Voranbau.

Sehen wir uns die Mittel an, die unter Beibehaltung unserer Wirtschaftsform der dauernden Nachzucht ein und derselben Holzart die Aufgabe, die ein Fruchtwechsel erfüllen würde, mehr oder weniger ebenfalls zu erfüllen geeignet erscheinen, so denke ich zunächst an den Unterbau und Voranbau entsprechender Holzarten.

Gemäß der oben gegebenen Begriffsbestimmung vermag indes auch Voranbau und Unterbau in die Kategorie des forstlichen Fruchtwechsels eingereiht zu werden, soweit Zweck oder Wirkung über das Maß bloßer Bodenbedeckung oder bloßen äußeren Schutzes nachfolgender Kulturen hinausgeht. — Durch zweckentsprechende Holzarten kann für Bodendurchwurzelung, Lockerung, für Bereicherung des Bodens zumal an Stickstoff, für Förderung der Aufschließung von Mineralstoffen, vor allem aber für Schaffung geeigneter und gesunder Mischstreu und für Beseitigung ungesunder Humusverhältnisse gesorgt werden. In diesem Sinne ist ja Voranbau und Unterbau schon vielfach mit Erfolg angewendet worden (Beispiele sind oben schon hier und da erwähnt worden). In erster Linie kommen natürlich Holzarten mit leichtem Streuzersetzungsvermögen in Frage und dann Holzarten, die eine mineralstoffreiche Streu liefern, wie z. B. Buche, Akazie, Hornbaum. Die Wahl der Holzart hat natürlich von den verschiedenen lokalen Verhältnissen beeinflußt und bestimmt zu werden, eine Generalisierung günstiger Erfahrungen an einzelnen Örtlichkeiten hat auch hier Nachteile und Mißerfolge gezeitigt. Das Detail der Maßnahmen zu behandeln, kann hier nicht Aufgabe sein. Ich möchte nur an einzelnes wenige erinnern, wie die günstigen Erfolge mit Voranbau von Tanne mit Fichtennachfolge im Thüringer Wald[1]); die Bedeutung, die dem Hornbaum durch seine leicht zersetzbare Streu besonders als Ersatz des Buchenunterbaues in der Ebene beigelegt wird; die Bedeutung, die P. E. Müller allen Kiefernarten als Vorbestand infolge ihrer wahrscheinlichen stickstoffsammelnden Eigenschaften zumißt, auch die ähnliche Rolle, die Weißerle, Akazie und selbst Birke zu spielen berufen erscheinen (siehe oben). Auch Kastanie hat mit Akazie z. B. in der Vorhaardt bei den immer ungünstiger werdenden Humusverhältnissen der Kiefernbestände den kommenden Kiefern Aussicht auf gesunde Verhältnisse eröffnet.[2]) Ferner ist Hasel, Traubenkirsche, Linde u. a. zu nennen.

Dem Voranbau und vor allem dem Unterbau sind ja gewisse technische Grenzen gesetzt, seine Würdigung darf aber m. E. nicht lediglich nach sichtbaren Wirkungen auf Gedeihen und Zuwachs

---

[1]) Zeitschr. f. Forst- und Jagdwesen 1894, S. 678.

[2]) Weinkauff, Humus- oder Streuzersetzung, Forstw. Zentralblatt 1900, S. 456 ff.

des gegenwärtigen Bestandes erfolgen, sondern nach den vielfach nicht in die Augen springenden Wirkungen auf Erhaltung bezw. Besserung der Bodentätigkeit, die der Nachhaltigkeit — späteren Generationen vielleicht erst fühlbar — zugute kommt. Den technischen Schwierigkeiten des Unterbaues wäre zum Teil durch eine spezielle Zweckdüngung zu begegnen. Mit letzterer fordert Mayr in seinem Kleinbestandswaldideal prinzipiell den Unterbau, besonders auf geringeren Böden.

Durchforstung.

Ist die Frage des Unter- und Voranbaues im Grunde auch weiter nichts als ein Fruchtwechsel, so können doch nun noch andere Maßnahmen nach derselben Richtung wirken, d. h. in einer Beschleunigung der Streuzersetzung gipfeln. Da sind es vor allem die Maßnahmen der Durchforstung, die in neuerer Zeit systematischen und wissenschaftlichen Ausbau und Würdigung erfahren haben. Ursprünglich nur ein Mittel der Ausbildung und Ausformung der einzelnen Bestandsglieder, ist doch ihre Bedeutung für die Boden- und Humusverhältnisse fortschreitend mehr erkannt und gewürdigt worden. Wie aber Durchforstungen und Lichtungen ihre günstigen Wirkungen auf die Bodentätigkeit nur der Regelung der Licht- und Luftverhältnisse verdanken, so können sie nur zu einem Teil heilend oder erhaltend wirken und die ungünstigen Verhältnisse, wie sie in der Art der Streu selbst und anderen Ursachen als den Licht- und Luftverhältnissen liegen, nicht berühren. Dabei ist aber auch noch die Gegenseite zu bedenken: Durch unsere modernen Durchforstungs- und Lichtungsbetriebe wird die Lebens- und Wachstumsenergie des Bestandes auf das höchste angespannt, also alle chemischen und physikalischen Faktoren aufs intensivste in Anspruch genommen und ausgenützt. Es müssen also ungünstige Ernährungsverhältnisse um so fühlbarer werden, je intensiver der Durchforstungsbetrieb sich gestaltet. „Es hat sich ungeachtet der anderen hierbei eine Rolle spielenden Faktoren im Laufe längerer Zeiträume ein gewisses konstantes Verhältnis zwischen der dem Boden gebotenen Streuzufuhr in Gestalt von Humus und der dadurch bedingten Leistungsfähigkeit des Bodens gebildet. Durch die modernen Lichtungsbetriebe wird aber dieses Verhältnis gestört. Durch Verminderung der Stämme wird durch vermehrte Blattentwicklung an den zurückbleibenden zwar nicht weniger Streu erzeugt, aber durch die durch den Lichtungsbetrieb bedingte Herabsetzung der Umtriebszeit wird dem Bestand die der Differenz zwischen der früher üblichen und jetzt festgesetzten Umtriebszeit entsprechende Streu- bezw. Humusmenge entzogen. Unsere heutigen Bestände werden allerdings auf den Lichtungszuwachs kräftig reagieren, da ihnen eine normal erhaltene Bodenkraft zu Gebote steht, im Laufe der Zeit dürfte sich jedoch die Reagenz mehr und mehr, natürlich in geringem Grade, vermindern, bis sie dann endlich wieder beinahe konstant wird."[1] Dies ist auch dem entgegenzuhalten, daß die Herabsetzung der Umtriebszeit die Nachteile ungünstiger Humusbildungen in geschlossenen reinen Beständen weniger hervortreten lasse. Die dadurch vermehrte Inanspruchnahme der Bodenkraft läßt bezüglich deren nachhaltiger Wahrung auf ferne Zeiten hinaus Zweifel nicht unbegründet erscheinen.

Durchforstung, Lichtungsbetrieb und Herabsetzung der Umtriebszeiten können daher ein zweischneidiges Mittel sein im Hinblick auf die Statik der Bodenkraft.

Düngung und Bodenbearbeitung.

Entsprechend der ausschlaggebenden Rolle, die der Streuabfall und seine Wiederumsetzung in aufnehmbare Nährstoffe für das Gleichgewicht der Ernährung des Waldes spielt, ist eine ungünstige Gestaltung der Streuzersetzung gleichbedeutend mit Ernährungsstörungen, mit einem Mangel an Nährstoffen. Vermöge der wissenschaftlichen Erforschung des Bedarfs und Entzugs von Nährstoffen durch die Waldbäume und vermöge der Erkenntnis und künstlichen Darstellung dieser Nährstoffe sind wir nun wohl in der Lage, dem Walde alle die fehlenden Nährstoffe im Wege der Düngung zuzuführen, ebenso wie wir durch Bodenbearbeitung die durch die Humusverhältnisse ungünstig veränderten physikalischen Bodenzustände bessern bezw. ungesunde Humusmassen auf mechanischem Wege beseitigen können. Zweifellos liegt das alles im Bereiche der Möglichkeit, die Rentabilität dieser Maßnahmen wird aber häufig begründete Zweifel an ihrer Durchführbarkeit aufkommen lassen.

Bei einem Ersatz der Nährstoffe durch Düngung scheidet für uns die Düngung der Kulturen zwecks guten Anwachsens usw. aus,

---

[1] Dimitz, Die modernen waldbaulichen Betriebsarten in ihrer Rückwirkung auf die Bodenkraft. Zeitschr. für das gesamte Forstwesen 1901, S. 16.

da diese lediglich eine Kulturmaßregel darstellt; hier kann es sich nur um eine Bestandsdüngung handeln, die, um während des ganzen Bestandslebens zu wirken, wohl öftere Anwendung erfahren müßte. Wenn nun auch durch die vorbildlichen Beispiele Hollands und Dänemarks und durch Berechnungen von verschiedenen Seiten der finanziellen Durchführbarkeit einer solchen Bestandsdüngung manches von dem anfänglich Abschreckenden genommen wird, so bleibt doch immer ein erheblicher Kostenaufwand damit verbunden, und wenn, worauf zahlreiche Beispiele hinweisen, durch einen bloßen Fruchtwechsel eine Belebung schwindender Bodenkraft erreicht werden kann, wird diese Maßregel wohl immer als die naturgemäßere und vorteilhaftere gelten können. Die düngende Wirkung der Streu wird nie voll und ganz durch die künstliche Düngung ersetzt werden können, wenigstens bei dem gegenwärtigen Stand unseres Wissens über die Pflanzenernährung.

Gleichwohl bleibt für zahlreiche Fälle eine Bestandsdüngung, deren weitere Ausgestaltung und Pflege eine notwendige Erscheinung der zukünftigen Forstwirtschaft sein wird, berechtigt und vorteilhaft, insbesondere für solche Fälle, wo ein Fruchtwechsel allein die ungünstigen Zustände nicht beheben kann oder überhaupt undurchführbar ist.

Dasselbe gilt für eine intensivere Bodenbearbeitung. Wo ein Fruchtwechsel in irgend einer seiner verschiedenartigen forstlichen Formen ausreicht, da stellt er zweifellos eine Kostenersparnis dar. „Welche vergeblichen Opfer an Geld, Zeit und Zuwachs sind durch das starre Beharren bei der Art des Mutterbestandes schon gebracht worden und wie leicht wären sie zu vermeiden gewesen, wenn man sich leichter mit einem Wechsel der gegebenen Holzart befreundet hätte“ (Bentheim).

Fruchtwechsel, künstliche Düngung und Bodenbearbeitung haben sich gegenseitig zu ergänzen, wie auch gerade in der landwirtschaftlichen Praxis es der Fruchtwechsel allein nicht tut, andererseits wohl eine künstliche Düngung und Bodenbearbeitung allein unter Nichtachtung der Kosten z. B. dauernde Weizenernten auf ein und demselben Boden ermöglichen würden, durch die Zuhilfenahme des Fruchtwechsels aber unter Ersparung der Kosten gleichwohl jene Steigerung der landwirtschaftlichen Produktion bewirkt wurde, wie wir sie heute vor Augen sehen.

Wie zur Erhaltung gesunder Bodenverhältnisse, normaler Bodentätigkeit, so vermag — wie geschildert — ein Fruchtwechsel auch zur Heilung erkrankter, zur Besserung ungünstiger Bodenverhältnisse gute Dienste zu leisten. So konnte die Erscheinung der Bodenmüdigkeit oft durch einfachen Holzartenwechsel beseitigt werden, die Heilung von Wurzelfäule gelang durch eine Zwischengeneration einer anderen Holzart, geringe oder heruntergekommene Böden vermochte ein Wechsel der Holzart für anspruchsvollere Holzarten wieder tragfähig zu machen, Rohhumusmassen vermochte ein bloßer Fruchtwechsel zu beseitigen u. a. m. In allen solchen Fällen tritt der Fruchtwechsel in Form von Zwischengenerationen auf. Eine solche leistet oft dieselben Dienste wie umfangreiche und kostspielige Meliorationen.

IV. Rückblick und Schluß.

Werfen wir noch einmal einen überschauenden Blick auf den Gang unserer Darstellung:

Ein Fruchtwechsel ist durchaus etwas den natürlichen Waldverhältnissen Eigentümliches. Seine Bedingungen wurden in früherer Zeit erfüllt, wenn auch nicht in ihrer Eigentümlichkeit als Fruchtwechsel erkannt. Die Entwicklung, die die Waldwirtschaft nahm, brachte vielfach eine Störung dieser Verhältnisse, insbesondere durch die Ausgestaltung unserer modernen Wirtschaftsmethoden, indem die gemischten Bestände mehr und mehr verschwanden, unser Wald durch Verschwinden von Nebenholzarten artenärmer wurde, gleichaltrige Hochwaldbestände die Hauptwirtschaftsform wurden, unter Ausbreitung des Kahlschlagsbetriebs und der künstlichen Bestandsverjüngung ein und dieselbe Holzart den vorangegangenen Generationen folgte und diese Hauptwirtschaftsholzarten gerade solche sind, die die nachhaltige Bewahrung der Bodenkraft am wenigsten gewährleisten.

Die sich ständig mehrenden Klagen über einen allgemeinen Bodenrückgang im Walde und über immer ungünstigere Gestaltung der Humusverhältnisse sind mehr oder weniger eine Erscheinung der neueren Zeit und wohl als eine Folge dieser Entwicklung anzusehen. Die aktuellen Forderungen und Fragen der modernen Forstwirtschaft, wie die Erziehung gemischter Bestände, das Streben nach einem Mischwald, die Empfehlung des MAYRschen Kleinbestandswaldes,[1] des WAGNERschen Blendersaumschlages, Durchführung der Durchforstungen in Rücksicht auf die Bodentätigkeit, die Ausgestaltung der Düngerlehre, die zunehmende Beachtung der Humusverhältnisse in Wirtschaft und Wissenschaft und die steigende Aufmerksamkeit, die dem Boden überhaupt zugewendet wird, — — — alles bewegt sich in derselben Richtung, wie die Erörterungen über die mannigfach verzweigten Wirkungen eines Fruchtwechsels, ist eine direkte oder indirekte Anerkennung des Wertes desselben für die Forstwirtschaft. Daß einer Durchführung eines Fruchtwechsels manche Bedenken, vor allem finanzieller Art, entgegenstehen, ist natürlich. Es wäre auch absurd, an einen festen Turnus ähnlich der landwirtschaftlichen Fruchtwechselwirtschaft denken zu wollen. Aber bei Beachtung des mehrfach betonten besonderen Charakters

---

[1] H. MAYR, Waldbau auf naturgesetzlicher Grundlage S. 546 ff.

und der besonderen Erscheinungsformen des forstlichen Fruchtwechsels dürfte seine Durchführung nicht so unmöglich sein, wie vielleicht auf den ersten Blick erscheint. Gibt es doch die mannigfachsten Möglichkeiten, die Wirkungen eines Fruchtwechsels dem Walde zugute kommen zu lassen, und sind doch — um es noch einmal auszusprechen — zahlreiche Maßnahmen der modernen Forstwirtschaft nichts anderes als ein vielfach unbewußtes Sichhinwenden zum Fruchtwechsel.

Es mag wohl auch des Hinweises nicht bedürfen, daß ein Fruchtwechsel sich natürlich nur im Rahmen der sonst im modernen Wirtschaftswald zu erfüllenden Bedingungen zu bewegen hat, daß es zahlreiche Fälle gibt, wo er von vornherein nicht in Frage kommen kann. Es scheint aber die Entwicklung dahin zu gehen, daß das Übergewicht rein finanzieller Erwägungen der letzten Epoche der Forstwirtschaftsgeschichte, so berechtigt und erfolgreich es in der Entwicklung der Waldwirtschaft war, mehr und mehr von statischen Erwägungen bezüglich der Bodenkraft verdrängt wird, daß die unbedingte Erhaltung einer gesunden Bodentätigkeit vor finanzielle Augenblickserfolge (wenn hier auch die „Augenblicke" länger als Menschenalter sind) zu gehen hat. Denn nur dann ist eine wahre Nachhaltigkeit der Waldwirtschaft gewährleistet; und jede Korrektur von Bodenverschlechterungen, mag sie auch vollständig durchzuführen sein, ist immer mit finanziellen Opfern verbunden.

Und in dieser Entwicklung können auch die Gedanken einer Fruchtwechseltheorie nicht fehlen.

Blicken wir noch einmal vergleichend auf die Landwirtschaft. Der landwirtschaftliche Fruchtwechsel bezweckt eine Bodenbesserung, möglichste Nährstoffausnutzung und Kostenersparnis. Er erreicht dies auf Grund der verschiedenen physiologischen und morphologischen Eigenschaften der verwendeten Gewächse. Er läßt tief- und flachwurzelnde, bodenbereichernde und bodenzehrende, stickstoffsammelnde und stickstoffbedürftige Pflanzen sich gegenseitig ergänzen. — Bei den forstlichen Gewächsen haben wir die gleiche Differenzierung. Unsere tiefwurzelnden Holzarten lockern den Boden, bereichern die oberen Bodenschichten aus dem Untergrund,[1] schaffen

---

[1] Dabei besteht aber vielfach die Ansicht, daß auch tief wurzelnde Bäume — wenigstens im wesentlichen — ihren Bedarf an Mineralstoffen den obersten Dezimetern des Bodens entnehmen (Maximum 3 Dezimeter), die tiefergehenden Wurzeln hauptsächlich nur der Wasserversorgung dienen. VATER, Tharandter Jahrb. 1909, S. 181.

den flachwurzelnden Holzarten einen willkommenen Bodenzustand;
Holzarten mit reichem Blattabfall bereichern durch Verwesung desselben die obere Bodenkrume; Holzarten mit leichtem Streuzersetzungsvermögen befördern die Zersetzung schwerer verwesbarer
Abfälle; genügsame Holzarten bereiten den Boden für anspruchsvollere, sofern er solche überhaupt normalerweise zu tragen vermag;
stickstoffsammelnde Holzarten liefern anderen ohne dieses Vermögen
diesen wichtigen, am ehesten fehlenden Nährstoff usw. —

So ist nicht einzusehen, warum nicht auch die Forstwirtschaft
diese Wechselbeziehungen zu Bodenbesserung und Nährstoffausnutzung zu nützen imstande sein soll und, wo dadurch das gleiche
wie durch kostspielige künstliche Maßnahmen zu erreichen ist, eine
Kostenersparnis dadurch zu erzielen sich entgehen lassen soll.

Künstliche Düngung, Bodenbearbeitung und Fruchtwechsel
haben in gegenseitiger Ergänzung die landwirtschaftliche Technik
zu ihrer Blüte geführt. So vermag wohl auch in der Forstwirtschaft die wachsende Bedeutung der künstlichen Düngung und Bodenbearbeitung eine vorteilhafte Ergänzung durch Maßnahmen erfahren
können, die aus den Ideen eines Fruchtwechsels geboren sind.

Auf die Technik des forstlichen Fruchtwechsels und die
mannigfachen Verschiedenheiten seiner Durchführung (u. a. auch
den Wechsel zwischen land- und forstwirtschaftlicher Bodenbenutzung)
einzugehen, habe ich im Rahmen dieser Darstellung verzichtet. Als
Voraussetzung der weiteren Ausgestaltung und zureichenden Beantwortung der einschlägigen Fragen würde es vor allem noch einer
ausreichenden Bodenstatistik, sowie einer historisch-statistischen Erfassung des stattgehabten Fruchtwechsels bedürfen, unter enger
Anlehnung an die weitere Vertiefung bodenkundlichen und pflanzen-
physiologischen Wissens.

Ich bin mir wohl bewußt, daß meine Ausführungen nicht über
den Versuch, an das Problem eines forstlichen Fruchtwechsels
heranzutreten, hinausgehen. Ich möchte sie vielmehr nur als Anregungen ansehen, aus der geschichtlichen Entwicklung des viel-
gestaltig stattgefundenen Holzartenwechsels im Walde vielleicht ein
für die Erhaltung seiner Produktivkraft wichtiges oder notwendiges
Naturgesetz herauszufinden. Die Entwicklung der forstwissenschaftlichen Lehren und forstwirtschaftlichen Praxis scheint darauf hin-
zudeuten.